グアンタナモ

アメリカ・キューバ関係にささった棘

渡邉優
WATANABE MASARU

彩流社

目次

キューバ周辺地図

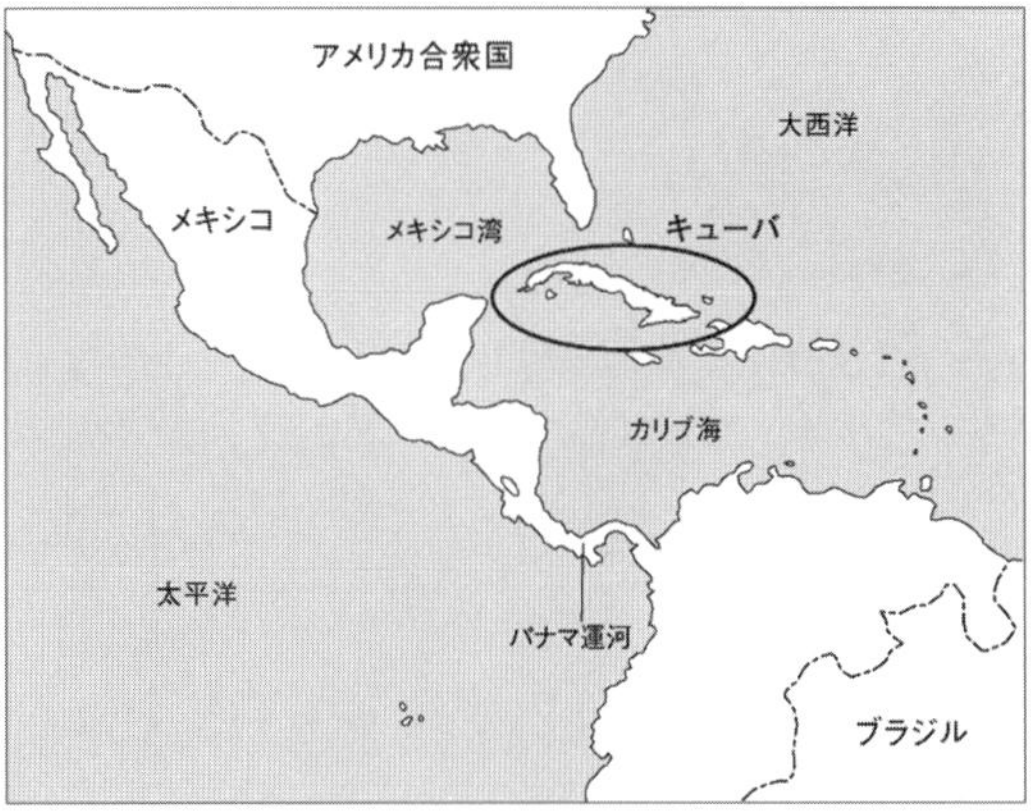

アメリカ合衆国
大西洋
メキシコ
メキシコ湾
キューバ
カリブ海
太平洋
パナマ運河
ブラジル

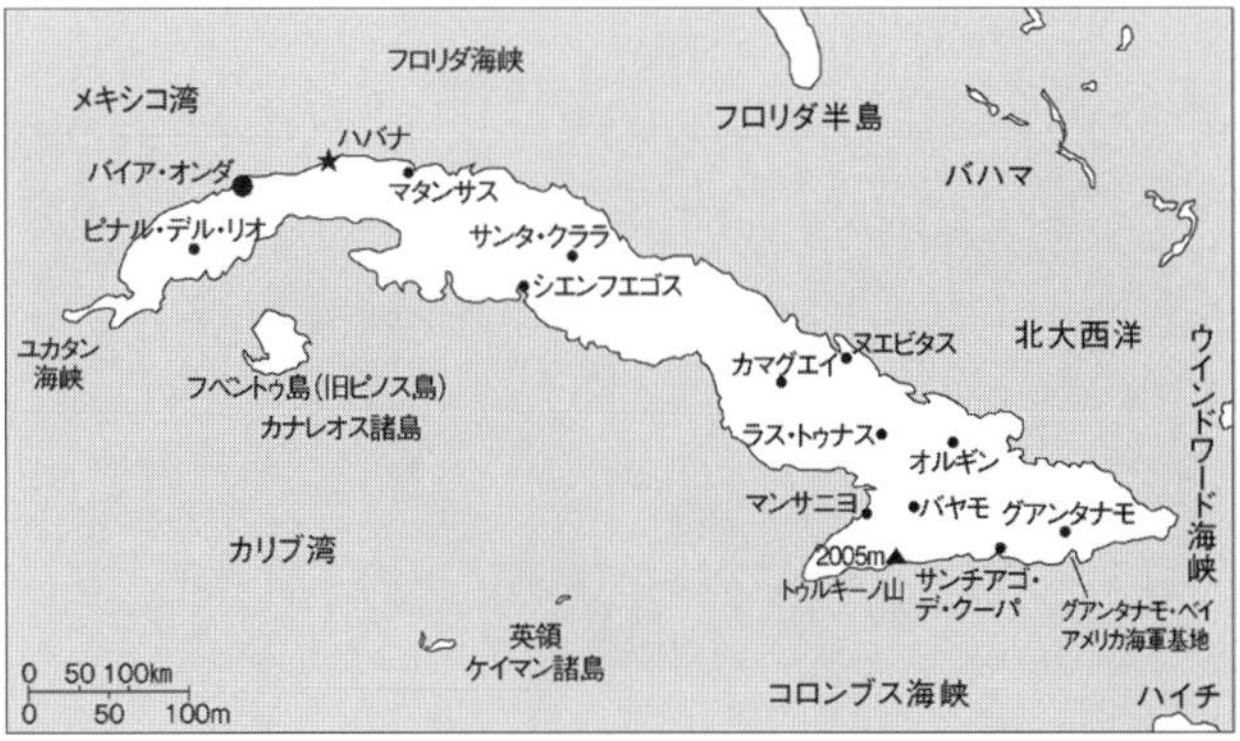

フロリダ海峡
メキシコ湾
フロリダ半島
バハマ
ハバナ
バイア・オンダ
マタンサス
ピナル・デル・リオ
サンタ・クララ
シエンフエゴス
ユカタン
海峡
ヌエビタス
北大西洋
カマグエイ
フベントゥ島(旧ピノス島)
カナレオス諸島
ラス・トゥナス
オルギン
ウインドワード海峡
マンサニヨ
バヤモ
グアンタナモ
カリブ湾
2005m
トゥルキーノ山
サンチアゴ・
デ・クーバ
グアンタナモ・ベイ
アメリカ海軍基地
英領
ケイマン諸島
0 50 100km
0 50 100m
コロンブス海峡
ハイチ

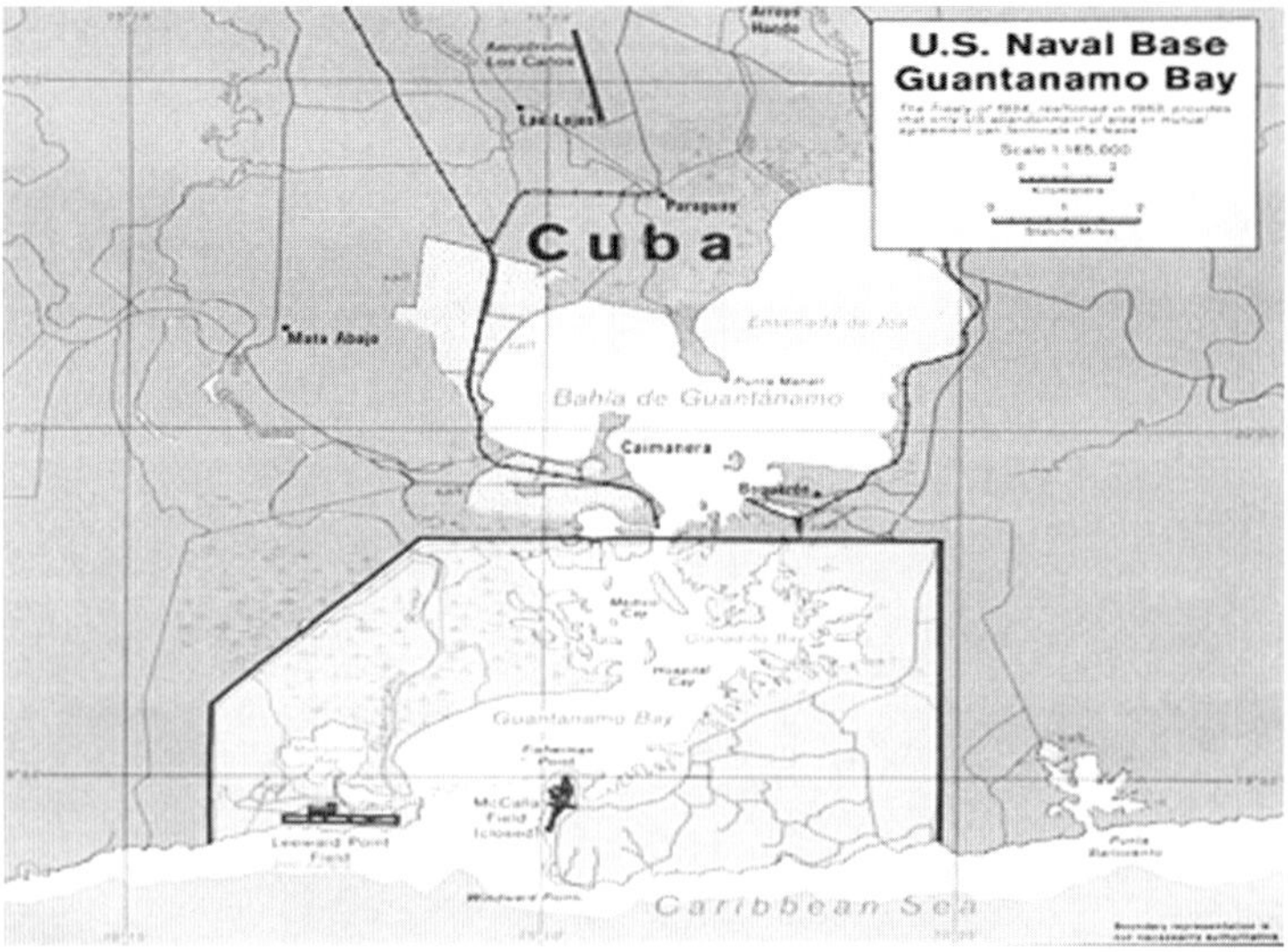

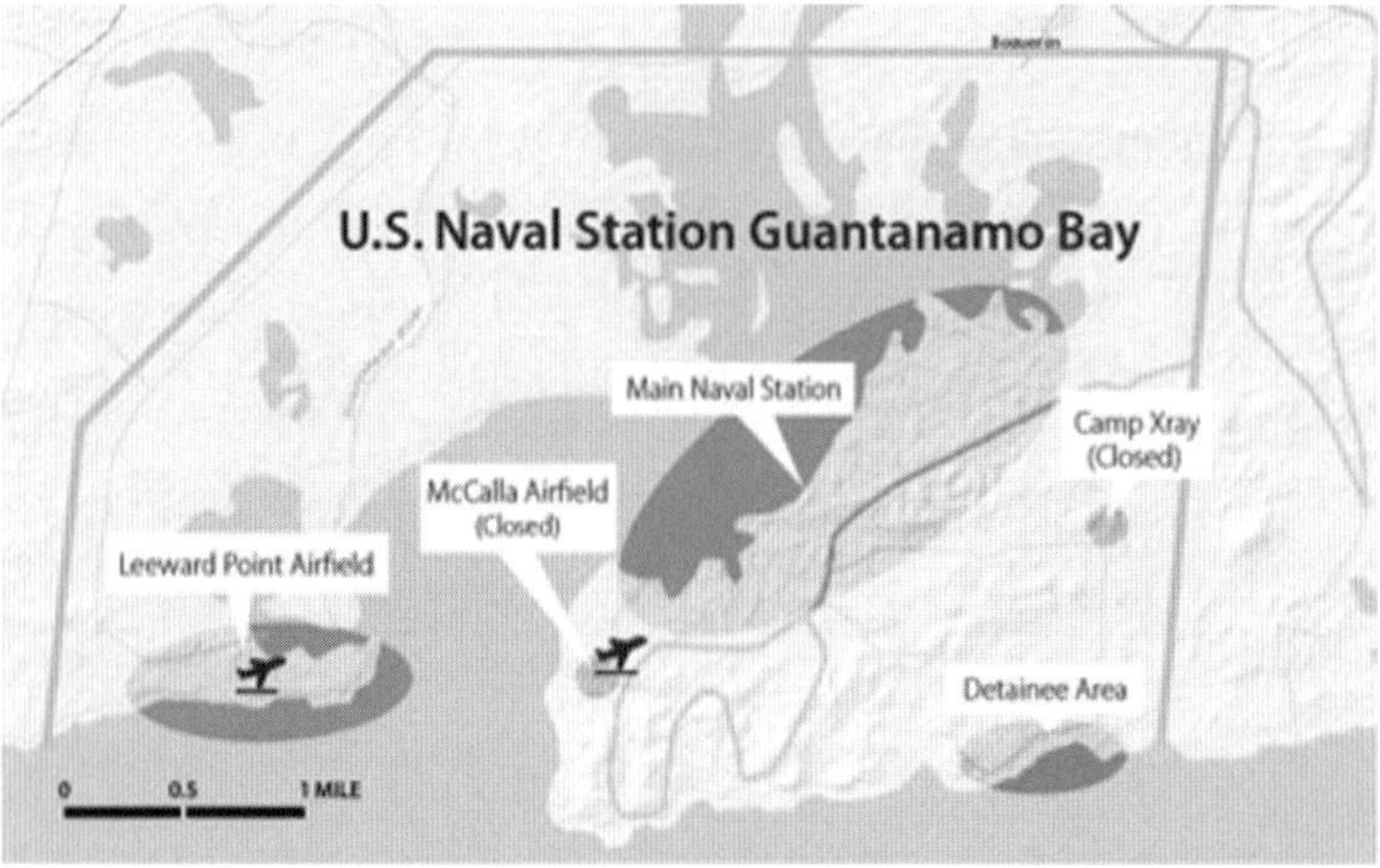

グアンタナモ基地周辺地図

はじめに

「グアンタナモを知ってますか?」と聞かれたら、多くの人は「聞いたことがない」と回答するのではなかろうか。どこかで耳にしたという人も、ずいぶん違うことを思い浮かべるかもしれない。その昔カラオケで唱われていたキューバの歌「グアンタナメラ」(「グアンタナモの娘」)? それとも、アメリカ同時多発テロの容疑者が収容されている監獄のグアンタナモ? 一九九二年のアメリカ映画『ア・フュー・グッドメン』(トム・クルーズ、ジャック・ニコルソン、デミ・ムーア主演)でキューバと対峙するグアンタナモ米軍基地が題材になっていたなあ、と思い出す人は、日本ではたぶん相当の少数派だろう。

本書は、この少数派に属する筆者が、グアンタナモ海軍基地をめぐるアメリカ合衆国(以下、アメリカ)とキューバ共和国(以下、キューバ)の関係について、三年余にわたるキューバ勤務の間に調査した結果をまとめたものである。筆者がキューバに着任した二〇一五年末は、アメリカのオバマ政権とキューバのラウル・カストロ政権の間で、五十年以上の断絶状態に終止符が打たれ、外交関係が回復して相互に大使館が設置され、政治的にも経済的にも関係改善が進み始めた時期であった。アメリカとキューバの関係は、東アジアに住む私たちにはあまりなじみがないが、一九六二年に世界を破滅の一歩手前まで追い込んだミサイル危機が、キューバを舞台にして起こったことを想起したい。超大国アメリカの動向があらゆる国際情勢に多大な影響を与えることは言うまでもない。そのアメリカにとって中南米は文字通りの隣家で、アメリカ自身の安全保障にとって目の離せない地域である。なかでも、アメリカの目と鼻の先に共産主義政権のキューバが位置していることが、アメリカの政策ひいては世界の安全と安定にとって大きな意味を持つことは、ミサイル危機の教訓を引くまでもなく明らかである。アメリカとキューバの関係は、世界の関心事項なのである。

二〇一七年にアメリカでトランプ政権が誕生してから、その対キューバ政策は再び厳しい方向にシフトした。キューバでも二〇一八年四月に六十年振りの政権交替・世代交替があったが、アメリカに歩み寄る気配は見られない。両国間には、一九五九年のキューバ革命以降長く積み残された多くの懸案があるが、なかでもアメリカの対キューバ経済制裁とグアンタナモの返還要求は、双方にとって簡単に譲ることのできない大きな懸案である。

グアンタナモはまた、国際関係の研究者に非常に多くの論点を提供している。キューバから見れば民族自決という原理原則にかかわる問題であり、自国の一部が占拠されている領土問題である。その他、国際条約の解釈にかかわる問題、国際人権法・人道法上の問題、安全保障戦略や地政学上の問題等、研究対象項目リストが尽きない題材である。

本書は、主としてグアンタナモがアメリカ・キューバ関係のなかでどのように扱われてきたかを振り返り、グアンタナモを巡る両国関係が将来どのような方向に進展し得るかについて私見を書きとめたものである。

筆者は一九八〇年に外務省に入省して以降、中南米諸国と濃密な付き合いをしてきたが、キューバは他の中南米諸国とは政治体制も経済原理も異なり、また情報の入手が容易でない国である。このような事情もあり、丁寧に原典にあたり検証を行うのが困難なため、本書には精緻さに欠け行き届かない点がある点、ご容赦願いたい。

なお、本書は筆者の責任において書いたものであって、所属する組織の見解や立場を述べたものではないことをお断りしておきたい。

二〇二〇年三月

渡邉　優

序章　グアンタナモの地理と地誌

「(キューバ島は)人類がその目で見た、地球上で最も美しい島である」(クリストファー・コロンブス)

グアンタナモ湾は、キューバ島の南東部、首都ハバナから約九二〇キロメートルに位置し、キューバ島と東隣のエスパニョラ島を隔てるウィンドワード海峡そして南のジャマイカを分かつコロンブス海峡を睨む、カリブ海海上交通上の要衝である。

コロンブスによる「発見」の後、グアンタナモを含むキューバ島全体がスペインの植民地となったが、十八世紀には英国が武力でグアンタナモを奪わんと試み、十九世紀末にはアメリカの戦略的関心の対象となる等、かねてからその地政学的・戦略的価値が注目されていた。

アメリカが初めてグアンタナモに兵を進めたのは、米西戦争開始直後の一八九八年六月であった。これ以降、アメリカがカリブ海及びパナマ地峡に至るまでの海域に対する制海権を維持することが

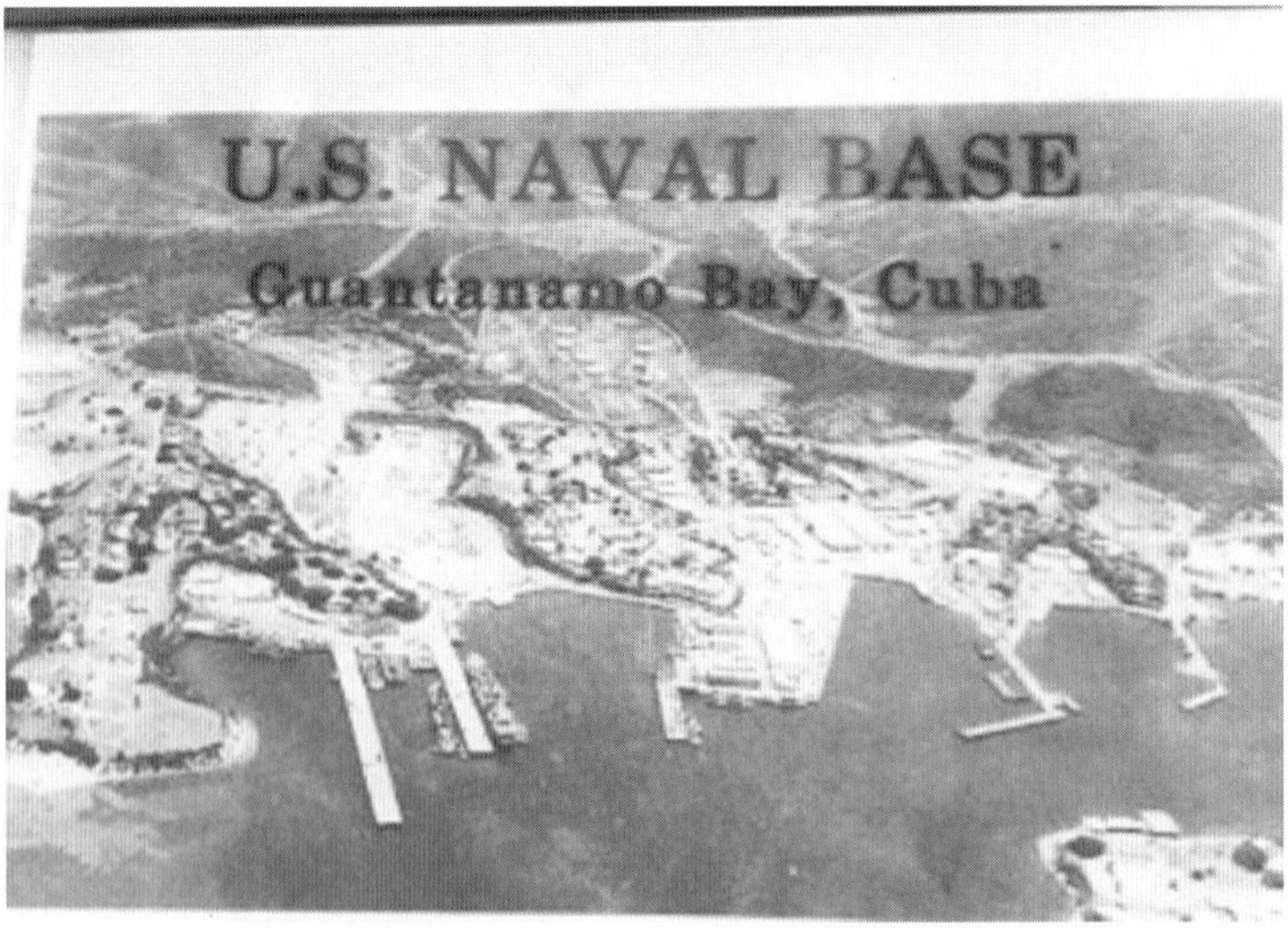

「グアンタナモ米海軍基地」基地関連施設の多く集まる外湾の東側全景

可能となった。

グアンタナモ湾の南端は北緯19度53・5、西経75度11・0に位置する。キューバ島の南側にある最大面積の湾である。この地域は年間を通じて気温が高く、年間平均最高気温は三一・二度、年間平均最低気温は二二・五度である。湾の西側にシエラ・マエストラ山脈、東側はニペ、サグアーバラコアの丘陵地帯に囲まれている。湾口の広さは約三・三キロメートル。多くの入り江があり、最深部の水深は六〇メートルと、世界でも有数の水深を持つ、船舶の停泊に適した湾である。湾内は瓢箪のように、湾口側の外湾と北部の内湾に別れ、両者は幅わずか二五〇メートルの水路といくつかの小島で隔てられている。北部部分の内湾は面積こそ広いものの、水深が浅く湾岸もなめらかで、沿岸地域も平坦である。外海への出口である外湾

外湾の東側から西岸の飛行場に向かう船舶

部分の西側はなめらかだが東側は切り立っている。湾内は、南部の西岸を除けば、東側にそびえ立つ丘陵のおかげで東から吹き付ける風が遮られる、おだやかな水面である。

内湾はホア浦と呼ばれ、キューバの管轄下にある。北部は西岸のカイマネラと東岸のボケロンの二つの集落がある。両集落とも小規模の漁村である他、カイマネラはその広大な塩田でも知られている。

米海軍基地は外湾とその周辺の土地に位置しており、基地の施設は湾によって東西二つの部分に分断されている。西側はLeeward side、東側はWindward sideと呼ばれる。西側は平坦な低地で飛行場があるが、ほとんどの基地施設は東側に位置している。（東側にもMaCalla Airfieldがあるが現在は閉鎖中。）

基地の面積は一一七・六平方キロメートルで、うち四九・四平方キロメートルが陸地。陸地部分はキューバ管轄下の土地と二九キロメートルにわたって接しているところ、これが島国キューバが持つ唯一の陸上の「境界」となっている。

グアンタナモ米海軍基地は、後述するように、アメリカ海軍が一八九八年の米西戦争中に進駐して以降、現在に至るまで保持している。アメリカが国外に持つ最古の海軍基地、共産圏に持つ唯一の基地であり、かつ所在国政府の意図に反して維持しているたった一つの海外基地である。

基地内の人口は基地の果たす機能の変化により増減してきたが、現在は軍人、軍属（アメリカ人の他ジャマイカ、ドミニカ共和国、フィリピン人他）及び彼らの家族を含め約八千人～九千人が暮らしている。また常時米海軍の巡洋艦、駆逐艦、フリゲート艦が六～八隻、航空機が二十五機前後常駐している。

一方キューバ側では、基地との境界線に沿って二十八カ所に監視所を設置し、東部方面軍所属の国境警備隊員約二千人が監視にあたっている。また基地周辺のキューバ側には、地雷原が設置されている。アメリカ側にもかつて地雷原があったが、一九九九年にすべて撤去された。現在、周辺住民の基地へのアクセスは禁止されている。

「グアンタナモ」(Guantánamo)はスペイン語ではなく、スペイン人の入植以前にキューバ島に暮らしていた先住民の言葉で、「川に挟まれた土地」を意味する。現在「グアンタナモ」は、湾の名であるとともに、グアンタナモ県(キューバ最東端の県)及びその県庁所在地グアンタナモ市の名称でもある。県都グアンタナモ市はグアンタナモ内湾に面するカイマネラ市から北方二一キロメートルの内陸に位置する。

[コラム]グアンタナモにある三つのアメリカ政府組織

アメリカがキューバから租借しているグアンタナモは、海軍基地として知られているが、実際は海軍基地を含め、以下の三つの行政組織が同居している。

(1) グアンタナモ海軍基地(Naval Station Guantanamo Bay, 略称 NAVSTA-GITMO)
米海軍の基地で、一八九八年から継続してこの地に駐留している組織である。港、兵舎、飛行場等の施設を持ち、フロリダ州ジャクソンヴィルのメイポート海軍南東管区司令官の監督下にある。この海軍基地が、以下(2)(3)の組織に対するロジスティック・サポートを提供している。つまり、海軍基地兼グアンタナモの家主でもある。

（2） グアンタナモ合同タスクフォース(Joint Task Force – Guantanamo, 略称 JTF GTMO)

二〇〇一年九月十一日の同時多発テロ事件後の二〇〇二年に設置され、陸軍、海軍、空軍、海兵隊、沿岸警備隊から構成される。このタスクフォースはテロ容疑者収容所の運営を担当し、具体的には被収容者の収容と尋問を司る組織である。米南方軍(U.S.Southern Command, 略称 USSOUTHCOM)に属する。

（3） 軍事委員会(Office of Military Commissions – South Detachment, 略称 OMC - South)

これも同じく9・11同時多発テロ事件後に設置された組織で、一種の軍事法廷である。テロ容疑者を裁く裁判所で、本部はワシントンにあり、国防長官に直属する組織である。

第一章　グアンタナモと米国・キューバ関係史(1)　キューバ革命まで

「キューバを所有する者は新世界の鍵を手にする」(スペイン国王フェリペ二世)

スペイン人の到来

キューバ島の南東部グアンタナモ周辺には、大航海時代にヨーロッパ人がやってくるまで、先住民であるアルアコ族、次いでタイノ族が居住しており、主として漁撈・狩猟生活を営んでいた。十五世紀末にはキューバ島全体の人口は約十万人だった。

一四九二年八月にインドを目指してスペインを出航したコロンブスは、同年十月十二日西インド諸島のサン・サルバドル島に上陸、これがいわゆるアメリカ大陸「発見」の日とされている。航海を続けたコロンブスは同年十月二十七日、現在のキューバ南東部オルギン県のバリアイ海岸に到着した。コロンブスは、キューバ島を評して「人類がその目で見た、地球上で最も美しい島である」

と日誌に記した。

一四九四年、コロンブスはその第二回航海で、「アジアに到達したという確実な証拠」を探してさらに西に帆を進め、キューバ島南岸の探索に向かった。同年四月三十日、コロンブスの一行は、奥深く広大な現在のグアンタナモ湾に遭遇、これをプエルト・グランデ(Puerto Grande、「大きな港」)と名付けた。

一五〇九年〜一五一〇年にはセバスティアン・デ・オカンポがキューバ島の測量を実施。この測量結果に基づきキューバ島の探検と征服を命じられたディエゴ・ベラスケスは、一五一〇年グアンタナモに上陸するが、その後一五一五年に至り、サンティアゴ・デ・クーバ(Santiago de Cuba、グアンタナモの西方約六五キロメートル)を拠点と定めた。サンティアゴ・デ・クーバはその後キューバ東部の中心地となる。


グアンタナモ湾の面積はサンティアゴ・デ・クーバ湾より大きく、内湾と外湾からなる奥行きの深い湾であったが、衛生状態が悪かったために常駐の地としては不適切と判断されたのであった。一方、サンティアゴは湾の入り口が狭く、敵船の侵入が困難で防衛上有利であったため、スペイン軍の拠点港となった経緯がある。これ以降、グアンタナモはしばらく歴史の表舞台から姿を消すことになる。

密貿易と海賊の時代

十六世紀〜十七世紀には、スペインが欧州と新大陸との公的な貿易を独占していたため、カリブ海では逆に、当局の目をかいくぐる密貿易業者と海賊が跋扈していた。海運ルートという観点からは、欧州とカリブ海を往来する船の多くが、海流に乗ってキューバ島の東端とエスパニョラ島の間に位置するウィンドワード海峡を通過するため、この海峡の直近に位置するグアンタナモ湾は、これら船舶を襲撃するための格好のポジションにあったのである。しかもグアンタナモ湾一帯は人口が稀少で、湾自体が奥深く、船を隠すのに適した小島や入り江が多いため、密貿易業者、海賊、更に奴隷貿易業者が出入りすること甚だしかった。このような海運上重要な場所にあったにもかかわらず、スペインがグアンタナモ周辺地域の開発に関心を示さず、いわば放置していたことも、海賊跋扈の原因の一つである。

十八世紀に入り、依然として続くスペインの中南米支配に対して、英国が挑戦を仕掛け、一七三九年から一七四二年にかけてカリブ海を舞台とするスペインとの戦争が勃発した。英国はキューバ島の南ジャマイカに二万二千人の兵を集め、当時のキューバ南部の中心地サンティアゴ・デ・クーバを目指すが、その防備の固さにこれを直接攻撃の対象とするのを諦め、先ずその東約六五キロメートルに位置するグアンタナモに上陸し、ここをサンティアゴ攻撃の拠点とすることとした。一七四一年、グアンタナモでは遂に英国軍の攻撃が開始された。攻撃には八千人の兵が動員されたが、このなかには当時の北アメリカ植民地から志願して参加する兵士達の姿があった。同年七月にグアンタナモ上陸、拠点造成の後、八月にはサンティアゴ・デ・クーバに攻撃を仕掛けるが奏功せず、グアンタナモへの撤退を余儀なくされた。九月には英国軍の司令官ヴァーノン(Vernon)少将は、サンティアゴ奪取は当面困難と判断し、その東部のグアンタナモに海軍基地を作ってそこを英艦隊の本拠に据え、腰を構えて将来のサンティアゴ・デ・クーバ攻撃計画を練るという提案を行った。しかしその間にもスペイン軍や海賊等による反撃が激化、英国軍のあいだには病気が蔓延し、結局、同年十二月、英国軍はグアンタナモからの撤退を余儀なくされた。

その後も英国はキューバへの未練を捨てきれず、一七六二年にはハバナを攻撃し、一七六三年までの短期間であったが同市を占拠した。余談だが、ハバナにある在キューバ英国大使公邸には、一七六二年のハバナ湾海戦で英国海軍が戦う様子を描写した油絵が堂々と掲げてある。英国大使はこの公邸にスペイン、キューバをはじめ各国の代表達を招いてレセプションを催しているのである。初めてこの絵を見たときは、いかにも英国人らしい度胸と、スペイン人とキューバ人の度量の広さに妙に感心したものである。

グアンタナモ地域の開発

一七九三年～一七九五年のスペイン・フランス戦争を契機として、カリブ海域の諸港湾の調査を行ったスペインのソラノ侯爵は、グアンタナモ湾に陸軍・海軍の基地を造成するのが望ましいと王室に報告を行った。同報告に基づき、当時の国王カルロス四世は、グアンタナモ地域を中心としてキューバの開発と近代化の調査を担当する委員会を設置。同委員会はグアンタナモ地域に二つの町を建設し、グアンタナモとサンティアゴ両市間の連携をはかることを提言した。さらに入植者への土地及び奴隷の供与、二十年間の免税措置や補助金の支給などのインセンティヴ付与、これに加えてグアンタナモ港の防衛計画も含まれる総合的な開発計画が示された。しかし王室は自らが資金拠出をすることを渋り、結局、同計画はお蔵入りとなってしまった。この後も一七九七年にグアンタナモ湾地域の活用について改めてスペインによる調査が行われたが、人口も少なく気候条件も悪いとの判断から、スペイン本国の重視するところにはならなかった。

この間、一七九一年にキューバの東隣に位置するエスパニョラ島のサン・ドミング(Saint-Domingue、現在のハイチにあたる同島西部地域)で黒人奴隷たちが蜂起、これが拡大して一八〇四年のハイチ独立に繋がる。エスパニョラ島の混乱を受けて、同島在住のフランス人入植者の多くが、難を避けるため海を渡ってキューバ島東部のグアンタナモ地域に流入してきた。彼らはコーヒー、砂糖、綿及びカカオ栽培の技術を持ち込み、地域の農業開発に寄与することとなった。もっとも、砂糖やコーヒーをはじめとする諸産品のキューバ国内外への搬出は、満足な港湾施設のないグアンタナモでなくサンティアゴ・デ・クーバから行われていたため、港を含むグアンタナモ全体の開発は後日の港湾整備まで待たなければならなかった。

ハイチの出来事は、他の面でもキューバに影響を及ぼすことになった。ハイチの政情混乱のおかげで、ハイチに代わってキューバが世界最大の砂糖生産国となり、さらにキューバは、ハイチに送れなくなった奴隷の主要なマーケットになったのである。

さらに同時期には、フランス人ばかりでなく多くのスペイン人入植者たちも、エスパニョラ島からキューバ島の東部に流れ込んできた。このような人口増加とこれに伴う産業振興が進むにつれて、グアンタナモ湾を利用した交易の必要性が認識され、一八三三年には、すでに整備されていたグアンタナモ湾(具体的にはカイマネラ村)が対外貿易港として認可された。同時に鉄道開発も進められ、一八五六年にはグアンタナモ市とカイマネラ村の間に鉄道が敷設された。

アメリカのキューバに対する関心

一七七六年のアメリカ独立宣言と時を同じくして、スペインは植民地であるキューバとアメリカの交易を認め、それ以降のキューバは、砂糖等の産品輸出先としてのアメリカに経済的に依存するようになっていった。

ここで十八世紀末から十九世紀初頭の世界情勢を振り返ってみよう。アメリカの独立をも一つの契機として欧州ではフランス革命が起こり、ナポレオン戦争を通じて欧州全体に革命の波が押し寄せた。中南米に多くの植民地を持つスペイン自身が革命フランスに制覇されたこともあって、その欧州の革命が中南米に波及して、中南米の植民地が次々に独立を勝ち取った。（一八一六年アルゼンチン、一八一八年チリ、一八二一年メキシコなど）。しかしその間、欧州ではナポレオンが敗れて、逆に王政復古を共通項とするウィーン体制・神聖同盟が誕生して、これら中南米の独立の動きを君主制に対する反逆として干渉を試みてきたのである。新世界にとっては、欧州からの干渉排除が最大の安全保障上の目的となった。独立したてのアメリカにとっても、欧州列強が中南米諸国への関与と干渉を強め、それがアメリカの安全に対する脅威となることが懸念されていた。このような時代の流れを背景に発出されたのが、ジェームズ・モンロー大統領による一八二三年のモンロー宣言であった。モンロー宣言で求めた欧州からの干渉排除というとき、アメリカの南岸（特に一八一九年にスペインから購入したフロリダ）に隣接し、欧州と中南米を結ぶ海上交通の要所であったスペイン領キューバの動静が気になるのは、当然の成り行きであった。

奇しくも同じ一八二三年、ジョン・クインシー・アダムズ・アメリカ国務長官はその書簡のなかで、「嵐によってリンゴが木から地上に落ちざるを得ないように、キューバはアメリカに引き寄せられざるを得ない」と記した。この言葉はキューバにおいて、アメリカがかねてよりキューバ支配を狙っていたという「熟した果実」論の証拠としてしばしば引用される。もっとも当時のアメリカの国力に鑑みれば、欧州列強の干渉をはね除けてスペインからキューバを奪うことなど、到底現実的な政策意図の表明とは言いがたい。モンロー宣言は、アメリカが欧州(実際には欧州列強が中南米に持つ植民地)に干渉しない代わりに欧州も新大陸に干渉しないでもらいたい、というアメリカの希望を表明したものであったが、その後アメリカが中南米諸国への影響力を拡大していくのにつれて、これら諸国の間では、モンロー宣言こそが、その後のアメリカによる帝国主義的覇権拡張の意図表明であったと受け止められるようになっていった。現在のキューバ政府もモンロー宣言をそのように捉えている。

一八三〇年、アメリカはキューバに領事館を設置するが、これはアメリカ資本がキューバに対して、砂糖や鉄道建設面での投資を増加させる時期と一致していた。十九世紀後半になると、アメリカとキューバ島の経済的つながりはさらに深まり(キューバの輸出の八割強がアメリカ向けだったと言われる)、キューバへの関心が益々高まっていった。

二十一世紀に住むわれわれには信じられないことだが、アメリカの一部には、キューバで奴隷制度が維持されていたことに着目して、これをアメリカに併合しようとの極端な意見を唱える勢力もあった。先に説明したハイチの独立に続いて、一八三一年にはブラジルが奴隷貿易を廃止すると、米州のなかではキューバが、奴隷の主要な輸出先としてますます脚光を浴びることになる（キューバで奴隷制度が正式に廃止されたのは一八八六年である）。実際、一八四〇年から四五年のあいだだけでも、十万人の奴隷がキューバに売られたという。その行き先の多くは、スペイン官憲の目を逃れやすい、グアンタナモなど開発の遅れたキューバ東部地域である。（現在でもキューバ東部は他地域と比して人口に占める黒人の割合が高い。）アメリカでは、奴隷制をめぐって南北の対立が激しくなるにつれて、南部諸州ではキューバを併合して奴隷州に加えようという意見が出てきたのである。南部諸州連合の代表ジェファーソン・デイヴィスは既に一八四八年、「キューバは奴隷州を増やすため、われわれのものとなるべきである」と語っている。この延長で、キューバという奴隷州が増えるならば、バランスをとるため自由州としてカナダをアメリカに併合すべしとの議論さえ交わされたという。この議論は南北戦争（一八六一年〜一八六五年）で北軍が勝利して立ち消えとなったこと、言うまでもない。

独立宣言後十九世紀まで、アメリカ政府内には、海外に海軍の基地を建設せんとの現実的な計画はなかったといえよう。独立、米英戦争とその後のモンロー宣言にみられるように、北アメリカ大陸内での領土拡大こそ続けてきたものの、アメリカのプライオリティーはあくまで国家の統一と防衛であり、海外への関心も商業的なものであったのだから、捕鯨船の補給場としての日本や、プランテーション開発の移住対象としてのハワイ等も、そこに海軍基地を設けるという発想に基づくものではなかった。十九世紀末に至り、アルフレッド・マハン[1]が主宰する海軍内の研究チームがロング海軍長官に提出した答申が、おそらく初めて米軍の海外基地設置を進言したものであったとみられる。マハンは、当時既に建設計画のあったパナマ運河に着目、パナマ運河が開通すればカリブ海は世界の大通路の一つとなるだろうと予測し、この予測に基づいて次のような答申が提出されたのである。

①アメリカと他諸国の利益が衝突するのは太平洋とカリブ海である。

②太平洋においては、アジア貿易のアクセスを確保するためにグアム、マニラ、ハワイ及びサモアに

③カリブ海では、プエルト・リコのサン・ホアンと(ウィンドワード海峡を抑えるため)キューバ島の東部に、石炭補給基地を確保すべきである。

当時のセオドア・ローズベルト海軍次官(後に一九〇一年から一九〇九年までキューバがアメリカの占領下から独立する時期のアメリカ大統領となる)は、マハンが以上のような議論を展開した名著『海上権力の歴史に及ぼした影響一六六〇〜一七八三』(海上権力史論)を熟読したと言われる。

米海軍内の議論で、キューバ東部において具体的に海軍基地設置候補として検討されていたのは、グアンタナモとサンティアゴ・デ・クーバの二つの湾である。グアンタナモ湾は面積が広大で多く

の船舶を収容できること、湾口が広く敵襲時に湾内への退避が容易であることがメリットとされた。サンティアゴは逆に湾口が狭いために湾内の防衛が容易であることが着目された。十六世紀前半にスペインがグアンタナモでなくサンティアゴ・デ・クーバを選好したことは先に述べたが、アメリカは比較考量の結果、後にサンティアゴでなくグアンタナモ（及びキューバ島北部のバイア・オンダ）を貸借対象地として選ぶことになる。

なお、グアンタナモは総合的判断から、米海軍が基地を置くのにサンティアゴよりメリットが大きいと判断されたのであるが、湾の東西を高地に囲まれているという脆弱性も持ち合わせている。日露戦争中、遼東半島の旅順口を囲む山々の高地（特に二〇三高地）を日本軍が抑えたことが、旅順攻防戦の勝敗に決定的な役割を果たしたことはよく知られている。現在、一般人がキューバ側からグアンタナモ基地に近寄ることは禁止されているが、同基地の西側に位置する山の頂から基地を見下ろすことができる。筆者も一度ここからグアンタナモを遠望したことがあるが、軍港が山に囲まれていることによる脆弱性を実感できる経験であった。

キューバの独立戦争開始

キューバの独立を求める勢力は一八六八年に蜂起するが、独立を達成できないまま一八七八年にスペインとのあいだで休戦に至った(十年戦争と呼ばれる)。しかしながら独立を求める勢いは収まらず、一八九五年にはキューバの第二次独立戦争が始まった。アメリカの対スペイン開戦は三年後のことであるが、早くもこの一九八五年に、アメリカ海軍の船舶がグアンタナモ湾に侵入する事件が起こっている。米海軍サムナー大佐の指揮する米海軍コロンビア号が、スペイン当局の許可を得ることなく、グアンタナモ湾に入り込み湾内を仔細に測量していったのである。スペインからの説明要求に対してアメリカは、ニカラグアに赴くべしという指令が誤って伝えられグアンタナモ湾に入り込んでしまった偶発的な出来事であったと釈明した。アメリカの真意を疑えばきりがないが、一八九八年の米西戦争においてサンティアゴ・デ・クーバ攻撃戦の拠点としてグアンタナモ港が重要な役割を果たすうえで、三年前の「偶発的な」測量が大いに役立ったであろうことは間違いない。

さて一八九五年二月二十四日、キューバ各地で独立勢力が一斉に蜂起して第二次独立戦争の火ぶたが切られた。戦闘の推移についてはすでに多くの書籍が記しているので省略するが、ここではアメリカの関わりについてのみ説明する。

当時のクリーブランド政権(民主党)は、当初キューバの独立勢力よりもスペイン軍が優勢という見通しもあったせいか、戦闘開始四カ月を経た同年六月の段階でも、スペインとの平和・友好関係を維持することを期待する旨述べ、キューバ独立闘争への関与には否定的な立場を示していた。

スペインは、一八九六年二月にキューバ派遣軍司令官をマルティネス・カンポスからバレリアノ・ウェイラーに交替させた。先の十年戦争中の冷酷・残虐な指揮で知られていたウェイラーは、予想に違わず今回の独立戦争でも農民を強制収容所に監禁する等の非道な行為を重ねて、キューバ人及びアメリカの世論を反スペインに向かわせてしまった。アメリカ内ではいわゆる煽動的報道《イエロー・ジャーナリズム》が、アメリカ人の財産がスペインに奪われ、キューバ人は家を追われ、殺戮されている等、スペイン軍の極悪非道な振る舞いを盛んに報じて、アメリカ民の感情を煽るのに貢献した。このためアメリカ内には反スペイン感情とキューバ独立勢力支援の声が高まり、キューバ独立勢力に資金や武器を提供する者も増えてきた。当時のアメリカはキューバの砂糖、鉄道や鉱山業に資本を投下しており、キューバの安定はアメリカの利益でもあった。このような人道的或いは経済的考慮から、アメリカ内には、キューバ独立軍を交戦団体として承認すべし、キューバを独立国として承認すべし、あるい或いはアメリカがスペインからキューバを購入すべしといった声が目立つようになってきた。それでもクリーブランド大統領は任期を終えるまで、アメリカの介入は現実的でないとして、キューバの独立支援に否定的な姿勢を崩さなかった。

一八九七年八月にはスペインの宰相カノバス・デル・カスティージョが暗殺され(その実行犯がキューバ独立派と繋がっていたとの説がある)、政情が混乱するなかで後を継いだサガスタ政権はアメリカの介入を恐れて、キューバへの大幅な自治権付与による和平を模索するが、奏功しなかった。このような状況下で、一八九七年末頃から戦況は徐々にキューバ独立軍に有利な展開となってきた。

当時、キューバ独立勢力のなかにも、アメリカがキューバ独立を支援し介入するよう期待し、運動するグループがあった。後にキューバの初代大統領となるトマス・エストラーダ・パルマはその一人であった。彼はキューバ革命党のリーダーとして、当時アメリカに滞在してキューバ独立を唱え、その実現のために諸々の活動を行っていたが、その一つが百万ドルを使ったロビイストによるアメリカ議会工作であったと言われる。キューバ独立軍の重鎮マクシモ・ゴメスも、ニューヨーク・ヘラルドのインタビューで、「このままスペインによる残虐行為が続いても、アメリカは何もしないのか?」と述べてアメリカの支援に対する期待を表明し、さらには、アメリカのキューバ併合に繋がるのでなければアメリカの直接介入に反対しないとも答えている。

アメリカでは一八九六年十一月の選挙で共和党マッキンリー大統領が当選し、翌年三月に就任した。同大統領も当初、前任のクリーブランド大統領と同様、キューバ内の闘争には中立的な立場を維持し、介入には消極的な姿勢であった。

米西戦争の勃発

前述の通り、アメリカの報道は反スペインの論調を繰り広げて、アメリカのキューバ介入を焚きつけていたが、一八九八年二月十一日、介入派の急先鋒であるニューヨーク・ジャーナルが「アメリカに対する史上最悪の侮辱」と題するすっぱ抜き記事を報じた。「在米スペイン公使エンリケ・デプイ・デ・ロメが本国に宛てた書簡のなかで、アメリカ大統領を〝弱腰で人気取りの陣笠政治家〟とこき下ろした」というのである。アメリカ人の反スペイン感情は沸騰寸前に達した。

そんななかで一八九八年一月、アメリカ海軍の艦船メイン号(the Maine)が表向きは「親善訪問」のため、実際にはキューバ居留アメリカ人とアメリカ資産の保護を目的として、ハバナ湾に入港し、ずっと停泊していたのだが、二月十五日夜半、このメイン号が突如爆発を起こして沈没、二六六名が死亡するという惨劇が起こった。

二月十五日の爆沈直後から、アメリカとスペインはそれぞれ原因究明の調査を実施した。スペイン側の調査結果では、火薬庫付近に保管してあった石炭の自然発火が爆発の原因であったとされた。一方のアメリカ政府は、犯人は特定できないもののメイン号の船体に取り付けられた機雷が爆発の原因であるという結論に至った。しかしアメリカの報道はスペインの犯行であると決めつけて強く非難し、海軍次官セオドア・ローズベルトもこの事件をスペインの卑劣な背信行為として厳しく非難するなど、アメリカ内ではこの爆発がスペインによるものと信じられ、アメリカ世論は遂に発火点を超えてしまったのであった。そして「メイン号を忘れるな、くたばれスペイン!」("Remember the Maine, to Hell with Spain")の標語とともに、一気に対スペイン開戦の機運が盛り上がり、開戦はすでに避けようのない運命となった。

なお、爆発の原因については、米西戦争後にアメリカが再度調査を行い、前回の報告を覆して機雷による爆沈の証拠はないと報告したものの、真の原因は不明のままで確たる原因究明には至っていない。その後、メイン号がハバナ沖に投棄されてしまい、もはや科学的・客観的見地からの真相究明はほぼ不可能になってしまった。その結果、今でも依然として次の諸説が併存している。

（1）自然発火説

スペインによる調査結果である。当時米海軍の使用していた瀝青炭は極めて発火性が高く、現にアメリカの巡洋艦ニューヨーク号をはじめ、当時はしばしば出火事故を起こしていたという。この説に対しては、アメリカ・スペイン関係が緊迫していた時期の偶発的事故にしては、タイミングが絶妙過ぎるのではないかと疑う向きもある。

（2）スペイン軍による爆破説

アメリカ側の当初の調査結果がこれであるが、スペイン政府は当時アメリカとの戦争を避けようと試みていたことから、スペイン軍には犯行の動機が乏しいと思われる。また、爆発の日メイン号のすぐ隣にスペインの巡洋艦アルフォンソⅫ号が停泊しており、メイン号爆発の巻き添えになる危険があったことも、スペイン犯人説を疑わしめる根拠となっている。

（3）アメリカによる陰謀説

スペインと開戦しキューバを手中に収めんとしていたアメリカ政府による狂言、という説である。キューバではこれが公式の歴史解釈である。この説に対しては、アメリカの世論が沸騰する中でもマッキンリー大統領自身は対スペイン戦に消極的であったことや、そもそも自国兵士二六〇名以上を犠牲にするような卑劣な戦術を、果たしてアメリカ海軍や大統領が決断できたか(さらに、万一真相がリークした場合の影響は計り知れない)という疑問が呈されている。二〇〇一年九月十一日の同時多発テロの後、この事件はアメリカが中東に兵を進めて支配する口実を得るための一人芝居であったとする、悪意に満ちた風説が一部で流されたことを想起させる。

(4)キューバ独立勢力による爆破説

アメリカを独立戦争に引き込みたいと考えたキューバ独立勢力の犯行という説である。キューバ独立勢力の一部がアメリカ国内で、キューバにおけるスペインの蛮行をメディアに売り込み反スペイン感情をかきたてていたのであるから、彼らにメイン号爆破の動機がなかったとは言い切れないが、この説にも確たる証拠はない。

事件の真相はともあれ、スペイン懲罰を求める世論の沸騰に押されて、マッキンリー大統領は対スペイン開戦を決意し、四月十一日、連邦議会に対して対スペイン戦争権限付与の要請を行った。具体的には、

(1)スペイン政府とキューバ人民のあいだの戦闘を完全かつ最終的に終結させ、

(2)秩序を維持し国際約束を遵守し、キューバ市民とアメリカ人の平和と平穏と安全を確保することのできる安定した政府をキューバ島に確立し、

(3)そしてこれらの目的に必要な場合にアメリカの陸海軍の兵力を使用するため、大統領が措置をとることを認め、権限を与えるよう要請する、

との内容である。

これに対して連邦議会では大統領の要請を認める、次の内容の上下両院の共同決議案[2]を準備していた。

(1)キューバ島の人民は自由で独立であるべきである

(2)スペイン政府に対して、キューバ島の統治を放棄し、撤退するよう求める

(3)大統領がそのためにアメリカの陸海軍兵力を使用することを認め、その権限を付与する。

ここでヘンリー・テラー上院議員(共和党、コロラド州)が、上記の三点に加えて「アメリカは、キューバ島の平定を目的とする以外に、同島に対する主権、管轄権または支配権を行使する希望も意図もなく、キューバ島の平定が成されたときにその統治と支配を同島の人民に委ねることを宣言する」という内容の修正案を提出し、これが前述の三項目に続く第四項として共同決議案に挿入された。テラー修正条項と呼ばれる。

テラー修正条項を含めた共同決議案は四月十九日に上院及び下院で賛成多数を以て可決され、翌

二十日にはマッキンリー大統領の署名を経て発効した。四月二十一日にはアメリカはスペインに対してキューバの放棄等を求める書簡を発出、スペインはこれをアメリカによる宣戦布告と解釈し、二十三日に対米宣戦布告を行った。四月二十五日には、アメリカがスペインに宣戦を布告した。

テラー修正条項は、アメリカによるキューバ統治やアメリカへの併合を明示的に否定している。後述するように、キューバから見れば、テラー修正条項にもかかわらず米西戦争後にアメリカがキューバに対して行ったことは、キューバの保護国化に他ならず、アメリカが自らの言葉に背いたことになる。

テラー修正条項は、その文言を見る限り、スペインの暴虐からキューバを救うのだというアメリカ世論を背景としており、アメリカ政府の行き過ぎた行為即ちキューバ併合という事態に至らないよう、自国に制約を課するのが目的であったと読める。もっとも、テラー上院議員がこの条項を提案をした動機として、次のような穿った解説もあるのは興味深い。即ち、アメリカ政府が米西戦争後にキューバを併合してしまうとアメリカ領土の一部になるため、アメリカ内で販売されるキューバ産(砂糖キビを原料とする)砂糖への関税はゼロとなって、その結果、テラー上院議員の地元コロラド州の特産品である(砂糖大根からとれる)砂糖の競争力に悪影響が出るため、これを防ぐという保護貿易主義的考慮から、テラー上院議員が修正案を提案したという説である。さらには、当時アメリカにおいてキューバ独立を支援しホセ・マルティ(キューバ独立の立役者)の友人でもあったオラシオ・ルベンスが、アメリカによるキューバ併合を防ぐため、コロラド州の砂糖大根保護という話をテラー上院議員に吹き込んだとする説もある。当時の事情はもはやつまびらかではないが、米西戦争の機会にアメリカがスペインから奪った他の領土のうち、グアム、プエルト・リコとフィリピンがアメリカに割譲された事実に鑑みると、テラー修正条項という政治的・道義的歯止めがなければ、キューバがアメリカに併合されていた可能性は十分にあったと思われる。

戦闘の推移

米西戦争当時のキューバ駐留スペイン軍は約20万人、うち三万六千五百人がキューバ島東部サンティアゴ県内の各所に分散配置され、うちグアンタナモ市にはフェリクス・パレハ将軍の指揮下に六千人が配置されていた。グアンタナモ湾では、外湾の右岸に防衛本部を設けて警備にあたっていた。

四月二十一日、対スペイン宣戦布告前ではあったが、アメリカ政府は海軍に対して、スペイン軍への物資供給路を絶つためキューバ島周辺の海上封鎖を指示した。

スペイン軍は、四月二十三日から二十五日にかけて商船メキシコ号と砲艦サンドバル号をサンティアゴからグアンタナモ湾に移動させ、グアンタナモ湾口に機雷を敷設(もっとも実際には触雷しても爆発しない欠陥品のため何ら効果がなかった)、サンドバル号はそのまま湾内に残って防衛の任に就いた。

戦端が開かれた以上、スペイン軍の憂慮していた通り、アメリカ軍がスペイン軍内の連絡を絶つためにグアンタナモの海底電信線を切断し、また東部の中心都市サンティアゴ・デ・クーバ攻略の拠点としてグアンタナモの制圧を目論むのは、戦略上当然の選択であった。サンティアゴ侵攻の橋頭堡たるグアンタナモの価値は、すでに十八世紀に英国軍のヴァーノン少将が強く認識していたところであり、一世紀半の後に再び同じ戦闘が繰り返されることになった。


米海軍戦略の巨匠であったアルフレッド・マハンは、「燃料は近代海軍力の生命線である」と述べたが、十九世紀末のグアンタナモは以下に述べる戦闘の推移を通じて、米艦船の燃料補給地という大きな役割を発揮することになる。

サンティアゴ湾には、既にスペイン海軍司令官パスクアル・セルベラが米海軍の封鎖網をかいくぐって入港していたので、セルベラ艦隊を同湾に閉じ込めておくのが米海軍の主要な役割であった。サンティアゴ近辺に基地を持たない米海軍は、サンティアゴ海域に石炭供給船を派遣するものの（当時の海軍船舶は石炭を燃料としていた）、荒波のなかで海上補給を行うのは危険でありほぼ不可能だった。そのため、サンティアゴ湾封鎖を目的として配置したはずの米海軍艦船の多くが、次々に包囲戦線を離れてアメリカ本土に石炭補給のため戻らざるを得ないという不都合が生じていた。

そこでロング海軍長官が目をつけたのがサンティアゴに近いグアンタナモである。グアンタナモを占拠して艦船用の石炭補給地とせよ、という命令が下されたのであった。

四月二十七日、グアンタナモ湾内の強行偵察を試みたアメリカ海軍艦船とスペイン軍とのあいだで砲撃が交わされ、グアンタナモでの戦闘が始まった。これが米西戦争最初の戦火となった。五月十九日には、ロング海軍長官の命令により、上記の国際電信線を切断せんと湾内に侵入した米商船セント・ルイスが砲撃を受けて撤退したが、電信線は六月七日に遂に切断され、六千人の在グアンタナモ・スペイン軍はサンティアゴともハバナとも本国とも通信が不可能となり、同時にグアンタナモ港内の外湾（海上部分）は米海軍の制圧下に置かれることになった。

六月十日、米軍はスペイン陸上兵力を駆逐するため、グアンタナモ外湾右岸への上陸戦を開始した。スペイン軍の抵抗に苦戦するなか、六月十二日には、約千名を率いるキューバ独立軍エンリケ・トマス大佐がグアンタナモ攻撃中のブラウマン・マカラ米軍司令官を旗艦マーブルヘッドに訪れ、独立軍への武器供給及び両軍の協力が合意された。これに基づき六月十四日から米軍とキューバ独立軍の共同による戦闘となり、六月十七日にはグアンタナモ湾（外湾）右岸のスペイン軍本部は一掃されて、周辺一帯の米軍による制圧が確定した。これにより、米海軍は安心して同湾（外湾）を石炭補給地として使い、さらに船舶の修理地としても活用することができるようになった。なおアメリカ軍は慎重を期して内湾の攻略までは深追いせず、その結果、八月の停戦まで、内湾はスペイン軍のコントロール下に置かれることとなる。七月三日には、本国の命令によりサンティアゴ湾脱出を試みたセルベラ指揮下のスペイン艦隊は米艦隊と衝突、米艦隊が圧勝することにより、海戦でのアメリカ軍勝利が決まった。

陸上では、キューバ独立軍は北方のグアンタナモ市を包囲して同市のスペイン軍の動きを抑え、同市のスペイン軍がアメリカ軍に降伏する環境作りに貢献した。グアンタナモのスペイン軍を降伏させたアメリカ軍の攻略対象は、以後、キューバ東部最大の都市サンティアゴ・デ・クーバに移った。ここでもキューバ独立軍はアメリカ軍とよく協力して同市攻略に大いに貢献し、七月十六日サンティアゴのスペイン軍は降伏するに至った。

しかしながらキューバ独立軍は、同市スペイン軍の降伏文書署名に立ち会うことも、同市に入城することさえも米軍から拒否された。これはキューバ独立軍が同市内でスペイン軍やスペインへの協力者に対して報復行為に及び治安が乱れることを警戒したためとされているが、キューバ独立軍の大きな失望を招くこととなった。キューバがアメリカから梯子を外される最初のケースであった。

パリ講和条約

米西戦争はカリブ海と太平洋の二つの戦線で争われ、その結果、アメリカはスペイン領であったキューバ、プエルト・リコ、フィリピン及びグアムを占領するという大きな成果を挙げた。戦争終結のための和平交渉は、勝者たるアメリカと敗戦国スペインのあいだで、パリにおいて行われることになった。この戦争はそもそも、キューバとフィリピンの現地勢力による独立闘争から始まったのだが、一八九八年十月から開始された和平交渉には、キューバ人もフィリピン人も招かれなかったのである。ルート米陸軍長官によれば、和平交渉も講和条約による領土の取得も、主権国家であるアメリカがこれを行うべきものであって、主権国家でないキューバやフィリピンは領土のやりとりを交渉する場に呼ばれる資格がない、というのがキューバ、フィリピン排除の理屈であった。和平交渉に参加できなかったキューバ独立の闘士たちは、自力で達成する直前であった独立をアメリカに横取りされたと感じたことであろう。独立戦争のリーダー的存在であったゴメスもカリスト・ガルシアも、一時はアメリカによる占領に徹底的に反対し反抗する立場であったが、カリスト・ガルシアの死もあって反対運動は下火になっていく。

二カ月に及ぶ交渉を経て、一八九八年十二月十日に署名されたパリ講和条約は、戦争の結果アメリカが占領した旧スペイン領の処分、そこでの港湾の使用権、捕虜の帰還、請求権の放棄、これらの地における財産権の扱い等、計十七条からなるもので、アメリカ、スペイン両国の批准を経て、翌一八九九年四月十一日に発効した。この結果、

(1)キューバについては、「スペインはキューバの主権と所有権を放棄し(relinquishes, スペイン語ではrenuncia)、キューバはアメリカの占領下に置かれる(be occupied, スペイン語ではser ocupada)」(第一条)、

(2)プエルト・リコ、フィリピン、グアムについては、スペインがこれら領土を「アメリカに割譲する(cedes, スペイン語ではcede)」、またフィリピン割譲に伴い「アメリカはスペインに二千万ドルを支払う」とされた。(第二条及び第三条)。

このようにキューバがプエルト・リコ等と異なってアメリカに割譲されず、つまりアメリカの「主権の下」に置かれずに、将来の独立に含みを残すアメリカの「占領」にとどまったのは、いくつかの事情があった。

一つは、アメリカがスペインとの戦争に踏み切った理由が、キューバの民族自決を支援するためであり、大統領に戦争権限を付与した共同決議、なかでもテラー修正条項でキューバ人によるキューバの統治を宣言していたことは、前述のとおりである。

これに加えて、財政上の問題もあってアメリカはキューバの併合を嫌ったとも言われている。即ち、スペイン統治下のキューバ現地当局が四億ドルの負債を抱えていたところ、キューバに対する主権がアメリカに移管すれば、その負債もアメリカが継承することになるのが当時の慣習であった。したがってスペインは講和条約交渉でアメリカへのキューバ割譲を主張したが、一方のアメリカも二・五億ドルにも上る戦費負担を抱えていて、到底スペインの負債まで引き受けることはできないとして拒んだため、交渉が難航したとされる。結局、戦争状態の終結を優先したスペインは、キューバにかかわる負債を維持することになった。フィリピン割譲に伴ってアメリカからスペインに支払われた二千万ドルには、この負債の一部を間接的にアメリカが負担する意味も込められていたのかもしれない。

これら旧スペイン領は、パリ講和条約によってスペインの手を離れることになった。しかしながら、スペインからのキューバ解放を支援して参戦した筈のアメリカが、スペインに代わってこれら領民とのあいだで重荷を背負い込む結果となったのは歴史の皮肉である。フィリピンでは一層奇異な展開となり、アメリカの主権下に入ったものの、一八九九年にアメリカに対する反乱が勃発してアメリカ・フィリピン戦争を引き起こすのである。

キューバについては、パリ講和条約に占領期間の定めがなく、キューバが早期に独立するのか占領がずっと続くのか、法的には決着がついていなかった。事実上の主権はアメリカに、潜在的主権は将来のキューバ国家の手に委ねられた状態とも言えよう。キューバ人は前述のグアンタナモ上陸作戦やサンティアゴ攻防戦で米軍と協力して奮闘し、その高い軍事的能力はアメリカ軍には評価されていたが、同時に、アメリカ国内にはキューバ人の自治能力に対する強い不信感があった。これがキューバに独立を認めずアメリカの軍政下に置いた背景の一つである。政治的に未熟なキューバ人に統治を任せれば、いずれ欧州の大国に対する負債をかかえるなどして押さえつけられ、介入を招くであろう、それは必ずやアメリカの利益に反することになろう、という懸念である。他方において、長期占領による反米感情の高まりが危惧されるなかで、経済的結びつきの深いキューバに一定の影響力を残しつつ早く独立・安定してもらうのが望ましいとの考慮もあり、アメリカの強い影響力の下で四年後に独立を達成することとなったのである。しかし、後に述べるように、独立に至る過程でキューバに課されたあまりに圧倒的なアメリカの重しが、いずれ起こるキューバ革命とその後のアメリカ・キューバ対立関係の遠因となってしまうのである。

アメリカのフィリピンに対する対応は、一層酷いものであった。アギナルドの率いるフィリピン独立軍とアメリカはともにスペインと戦い、アメリカの軍隊はフィリピン人の勇敢さと戦闘能力こそ認めても、その統治能力には信頼を置いていなかったのである。フィリピンは、その後一九三四年にはアメリカによる独立承認の方向が示されていたものの、大東亜戦争による日本の占領と独立、再度のアメリカによる占領という経緯を経て、アメリカからの独立は一九四六年まで待つこととなる。

一方のアメリカは、講和条約から閉め出されたキューバ人やフィリピン人、そして敗戦国スペインの失望とは裏腹に、勝利に歓喜することとなった。かつて日の沈む事なき世界帝国と評されたスペインを打倒し、キューバの占領、プエルト・リコ、グアム、フィリピンの併合を勝ち取り、さらに、米西戦争とは別の文脈ではあるが同時期にハワイ王国を併合し、アメリカは一挙にグローバル・パワーとなったのである。この国際政治的意義に加え、米西戦争がアメリカにもたらしたもう一つの成果は、南北戦争によって引き裂かれたアメリカの一体感が、南北の兵士達が一緒になってスペインと戦い勝利したことによって、ある程度取り戻されたことである。

プラット修正条項と一九〇三年グアンタナモ貸借条約

パリ講和条約署名の翌一八九九年一月、キューバ軍政総督(Military Governor)としてハバナに赴任したレオナード・ウッドの下、アメリカによるキューバ軍政が正式に始まった。アメリカは軍政開始当初から、キューバの保健衛生状況の改善、インフラ整備、地方行政機構の設置などの事業に乗り出すのだが、キューバ人の受け止めは感謝の念とは程遠いものだったようである。

軍政が一年強続いた後、アメリカ政府はキューバ人のこのような対米感情も考慮し、キューバへの独立付与を進める時期が来たと判断し、一九〇〇年七月には、ウッド総督が、同年九月に制憲議会選挙を行って三十一名の議員を選び、十一月に同議会を招集するとの布告を発出した。布告では、制憲議会は主として(1)キューバ憲法の制定、(2)独立後のキューバ・アメリカ関係についてアメリカと合意すること、がその役割とされた。(1)は制憲議会の当然の任務であるが、(2)の方は考えてみればおかしな話である。独立した主権国家がアメリカはじめ諸外国との関係をどう進めるかは、本来、国家が成立した後に当該国家の政府が検討し判断すべき事柄であって、国家の骨格を定める憲法の制定とは別問題の筈である。

制憲議会の設置とその役割(憲法制定とキューバ・アメリカ関係基本方針の策定)が公表されてすぐに、制憲議会議員として選ばれることになるファン・グアルベルト・ゴメスは早くも警戒心を明らかにし、アメリカとキューバの関係は憲法問題ではないのだから制憲議会で扱うべき問題ではない、と苦言を呈している。しかしアメリカは、キューバ憲法制定の後に同じ議会が対米関係について規定しアメリカと合意するという二つの作業を分けて考えるのだ、との理屈で押し通した。そして当初の予定通り同年十一月五日、ハバナのマルティ劇場において、キューバ制憲議会が開会、ドミンゴ・メンデス・カポテを議長として作業が開始された。翌一九〇一年二月二十一日にはキューバ憲法草案が公表され、同二十七日には同草案がそのまま採択された。

憲法採択と同時に、制憲議会は次の作業である対米関係の審議に移り、ディエゴ・タマヨがこの件を審議する特別委員会の長に任命された。この間、アメリカ行政府特にルート陸軍長官は、アメリカが血を流してスペインをキューバから放逐したのに、新生国家キューバが主権を得た後に再び他の欧州勢力の影響下に置かれるのではないかと危惧していた。この危惧は、キューバの対外政策を事実上アメリカが統制すべしという方針につながるのだが、主権を持つ独立国家たるキューバにそのような統制を及ぼすというのは理屈が通らない。実際、対スペイン開戦の権限を与えたアメリカ連邦議会の共同決議には、アメリカはキューバに対する主権も管轄権も持たず、キューバの人々に統治を任せる（テラー修正条項）と明記されているので、アメリカ政府がキューバの主権を制限すれば、アメリカ連邦議会の決議と矛盾することになってしまう。

そこで、アメリカとキューバの「特別な関係」をキューバ独立後も確保しておく方法を探っていたルート長官は、ウッド総督に対して、アメリカの押しつけによるのでなく「キューバ国民が自ら望むところの」対米関係に関するいくつかの条項がキューバ憲法に盛り込まれるようにせよ、との指示を出した。これらの条項が、後にプラット修正条項と呼ばれるもののベースとなる。具体的には、（1）キューバはアメリカの同意なしに他国と条約を締結しない、（2）キューバは歳入額を超える公的債務を抱えない、（3）アメリカは生命、自由、財産とキューバの独立を維持するために介入する権利を持つ、（4）キューバは米軍事占領当局の行うあらゆる行為を有効なものと認める、（5）キューバは米海軍基地のために土地を提供する、の五項目であった。

一方、そうとは知らぬキューバでは、早くも同年二月二十七日、制憲議会で対米関係を審議する特別委員会は報告書を発表した。そこには「アメリカとキューバの親密で友愛的な永遠の絆を確認する」という、極く一般的な方向性が示されていた。普通に考えれば、アメリカがキューバに抱く特別な関心への配慮と主権国家としての矜持とのバランスをとった、実に常識的な表現であったと言えるだろう。しかし、この会合に出席したウッド総督は、アメリカ行政府は新たな考えを持っているので審議は慎重に行われたいとして、前記（1）〜（5）の諸条項を示し、キューバ側を驚かせたのであった。当然ながら激しい議論があり、特別委員会では、アメリカに一定の譲歩をすべく次の諸項目を憲法付帯の宣言として採択するよう制憲議会本会議に提案することとなった。即ち、(1)キューバは条約や領土貸与などによってその独立と国土の統一を危険にさらすことはない、(2)キューバは他国がアメリカを攻撃するためにキューバの領土を使用することを許さない、(3)キューバはパリ講和条約を遵守する、(4)キューバは米軍事占領当局の行うあらゆる行為を有効なものとして認める、(5)キューバはアメリカと互恵的な通商条約の交渉をする、という内容であった。

この提案では、ウッド軍政総督案中のアメリカの介入権や米海軍基地用の土地提供は除かれているが、ルート陸軍長官の要望を事実上相当程度満たすと同時にキューバの独立も確保する、という苦肉の折衷案であった。しかしアメリカ(ルート長官)はこれを受け入れず、さらにキューバ本島南部に位置するピノス島の領土主権を未解決の懸案とする等の要求を加えた新たな修正案をキューバに提示した。この修正案が、直後にアメリカ連邦議会が採択するプラット修正条項と全く同じ内容だったのは、偶然ではない。

キューバ制憲議会で憲法草案の審議が行われている間、時を同じくしてアメリカ上院では、一九〇一年~一九〇二年米軍支出権限法案の審議が行われており、同法案の採択に際してコネティカット州選出のプラット上院議員(Orville H. Platt)がこの法案に対する修正案を提出した。法案採択に際してその法案とは関係ない修正案が提出されるのは今でもよくある話だが、後にプラット修正条項と呼ばれるこの修正案は、独立キューバとアメリカの関係を律する内容であり、キューバに対するアメリカの介入権やキューバ国内への米海軍拠点の確保を求める内容であった。この修正案の真の起案者はプラット上院議員ではなく、ルート陸軍長官だった。この修正案付きの同法案は二月二十一日に上院、三月二日に下院で採択され、翌三日にはマッキンリー大統領の署名を経てアメリカの法律となった。

八項目からなるプラット修正条項には、次のような条項が含まれていた。

第一項▼キューバ政府は、キューバの独立を損ない、またはその虞のある外国と条約その他の協定を結んではならず、［中略］キューバ島のいかなる部分にも拠点の設置または管理を許可し或いは認めてはならない。

第三項▼キューバ政府は、キューバの独立のため、生命、財産及び個人の自由の保護にふさわしい政府を維持するため、及びパリ条約によりキューバに関してアメリカに課され今やキューバ政府が負うことになる義務を果たすため、アメリカが介入する権利(right to intervene)を行使することに同意する。

第四項▼ピノス島(the Isle of Pines)はキューバの領域から外され、その領有権は将来条約によって調整される。

第七項▼アメリカがキューバの独立を維持しその人民を保護できるよう、また自らを防衛するため、キューバ政府はアメリカ大統領と合意する特定の地点において、石炭補給または海軍基地のために必要な土地をアメリカに売却または貸与する。

このような修正条項を自国憲法に挿入せよと言われて、すんなりこれを通すキューバ人ではない。案の定、キューバ制憲議会では反対論が巻き起こり、三月二日にはハバナで一万五千人が集まって反対デモが行われた。殊に問題視されたのは上記の第三項、第四項、第七項である。キューバ制憲議会の特別委員会は委員の見解を聴取して複数の報告書を作成したが、このうち最も良くキューバ人の心情を反映しているとされるゴメス委員の報告概要は次の通りであった。

――プラット修正条項には落胆した。これはキューバ人を隷属下に置くものである。

――介入する権利を認めるのは、あたかも他人に自宅の鍵を渡し、昼夜を問わず目的に関わりなく入って良いと許可するようなものである。

――プラット修正条項を認めれば、キューバはもはや主権国家とは言えない。

――プラット修正条項は、キューバをキューバ人の手に委ねるというテラー修正条項に反する。

――特に第七項は鼻持ちならぬ条項で、全く受け入れられない。

現地ハバナにおけるアメリカ代表であるウッド軍政総督は、制憲議会に対して、プラット修正条項はあくまでキューバの独立を守るためであるとの説明をする一方で、米本国に対して現地の状況を報告、対応振りを請訓するが、ルート陸軍長官から届いた訓令は、プラット修正条項はすでに決定されたものであるとのそっけない内容で、米本国はキューバ制憲議会と交渉する気が露ほどもないことを表していた。

かかるなかで、制憲議会の特別委員会は、五名の委員からなる代表団が訪米して直接米本国と折衝することを決めた。一九〇一年四月末から五月初めにかけて訪米した一行は、ルート陸軍長官と三度にわたる折衝を行い、さらにマッキンリー大統領にも表敬したものの、ハバナにおけるのと同様、アメリカは、プラット修正条項は欧州諸国からキューバを守るものである、キューバに置かれる米海軍基地はキューバの国内問題に干渉するために使用されることは決してない等の説明に終始した。代表団は、結局アメリカから何の譲歩も引き出すことができないまま、キューバに帰国せざるを得なかった。

代表団の報告を受けた制憲議会は議論を重ねた末に、五月二十八日、条件付きでプラット修正条項を受託することを15対14の票決で決定した。その条件とは、アメリカに海軍基地を提供する趣旨の第七項に「外国の侵略からアメリカの領海を防衛することのみを目的として」と制限を加えることであった。

このキューバ側の修正提案に対するアメリカの回答は、最後通牒とも言えるものであった。第一に、プラット修正条項はアメリカ議会により決定され大統領が署名した法であって変更不能である、第二に、キューバ憲法にプラット修正条項が加えられて初めて米軍のキューバ撤兵ができるのである、つまりキューバがプラット修正条項を受け入れない限り、アメリカは撤兵せず軍政を続ける、という通告である。

占領国であるアメリカのこのような硬い立場を前に、制憲議会内部でも、事態を諦観してプラット修正条項の受け入れ已むなしとの勢力が増え、六月十二日には賛成16票—反対11票を以て、プラット修正条項に一切手を加えることなく、キューバ憲法の付則とすることが議決された。この憲法は翌一九〇二年五月二十日、キューバ共和国の独立とともに発布され発効した。

独立後一年を経た一九〇三年五月二十二日には、アメリカとキューバは「キューバ・アメリカ関係に関する条約」(以下「一九〇三年両国関係条約」)に署名した(一九〇四年七月二日発効)。これは、プラット修正条項即ちキューバ憲法の付則がそのまま記載されているだけの条約である。プラット修正条項をキューバ憲法というキューバ国内法上の最高法規に盛り込んだだけでなく、キューバ・アメリカ両国間の国際約束というかたちでも確定させるのが目的であった。プラット修正条項は、アメリカがキューバの独立と尊厳を傷つけた象徴として、現在に至るまで記憶されている。

グアンタナモ管轄権の移管

一九〇二年、アメリカ政府はプラット修正条項の第七項に基づき、石炭補給または海軍基地のために必要な土地の希望リストをキューバ政府に提示した。同リストにはグアンタナモの他、シエンフエゴス、ニペ、バイア・オンダ、ハバナの名が記されていたが、交渉の結果、キューバが提供するのは南東部のグアンタナモ及び北西部のバイア・オンダの二つとなった。

プラット修正条項受け入れとグアンタナモの貸借はキューバにとり恥辱ではあったが、それでも貸借条約に至るまでの交渉では粘り強さを発揮した。アメリカの要求する貸借地を二カ所に絞ったこと(特に首都ハバナを外したこと)、プラット修正条項で「土地をアメリカに売却または貸与する」とされているところを、売却でなく貸与にとどめたことなどは、現在のキューバ政府からも一定の評価を得ている。

一九〇三年二月には、プラット修正条項に基づき、アメリカがグアンタナモとバイア・オンダの二カ所に土地を租借することを内容とする両国間条約(Agreement between the United States and Cuba for the Lease of Lands for Coaling and Naval Stations。以下「一九〇三年貸借条約」)が署名された。

同条約の第一条は、「キューバ共和国はアメリカに対し、石炭の補給と海軍基地のために必要な期間、キューバ島に位置する次の土地と水域を貸与する」として、グアンタナモとバイア・オンダを掲げ、詳細に緯度と経度を書き込んでその範囲を特定している。

第二条では、湾内水域の利用や浚渫等を認めているが、その目的を「石炭の補給または海軍基地としての使用のためのみ」(for use as coaling or naval stations only, and for no other purpose)に限定している。

第三条では、「アメリカは租借対象領域に対するキューバ共和国の究極的な主権(ultimate sovereignty)を認める」としつつ、同時に「キューバ共和国はアメリカが本条約の定める条件の下にこれら領域を占有する間、アメリカが完全な管轄権と支配権を行使することに同意する」(the Republic of Cuba consents that during the period of the occupation by the United States of said areas under the terms of this agreement the United States shall exercise complete jurisdiction and control……)と規定されている。

同年七月には、同条約の細則を決めるため、七カ条からなる別途の条約(Lease to the United States by the Government of Cuba of Certain Areas of Land and Waters for Naval or Coaling Stations in Guantanamo and Bahía Honda, 以下「補足条約」)がアメリカ・キューバ間で署名された。この条約では主として以下のことが決められた。

(1)アメリカはキューバ共和国に対して毎年二千ドルをアメリカ金貨で支払う(第一条)

（2）アメリカは、租借地において、何人に対しても商業、工業その他の企業活動が許可されないことに同意する（第三条）

（3）アメリカは、キューバ当局が租借領域内に逃げ込んだキューバ法上の犯罪者／違反者の引き渡しを求めた場合には、キューバ当局にこれを引き渡す。キューバ共和国は、アメリカ当局が租借領域内でアメリカ法上の犯罪／違反を行ってキューバ国内に逃げた者の引き渡しを求めた場合には、アメリカ当局にこれを引き渡す（第四条）

以上のような法的整理が行われた上で、一九〇三年十月六日に補足条約の批准書が交換され、十二月十日、グアンタナモ湾で正式な引き渡し式典が行われた。同日午後零時にキューバ国旗に代わってアメリカ旗が掲揚され、ここに名実ともにキューバからアメリカにグアンタナモが移管されたのであった。

アメリカのキューバ進出と軍事介入

キューバがアメリカの指導の下に独立し、グアンタナモが正式に米海軍基地として使用されるようになって以降、独立戦争中に途絶えていたアメリカのキューバへの経済進出は再び活発になった。進出はほぼ全てのセクターで見られたが、特に不動産、農業特に砂糖、鉱山開発、金融、エンジニアリング、建設、教育、マフィアによる賭博及び売春などで著しかった。アメリカからキューバへの投資は、独立後一九二三年までに十三億ドルに上ったとの試算がある。一九五九年のキューバ革命直前には、外貨収入の約八割がアメリカからのもので、アメリカ資本は石油精製施設の三分の二、電気やガス等公益企業の九割、鉄道と鉱山の五割を所有していたとも言われる。

これに伴ってアメリカ人のキューバ移住にも拍車がかかり、キューバ独立後一九一九年までに四・四万人のアメリカ人がキューバに移住したとされる。グアンタナモ地域をはじめとするキューバ東部地域の開発が遅れていたことはすでに述べたが、キューバ独立後は主としてアメリカ資本によって東部開発が進み、国内の開発レベル格差が多少是正されることになった。

プラット修正条項第三項には、アメリカのキューバに対する介入の権利が記されていたが、実際、アメリカはキューバの内紛に対応して何回か軍事介入を行った。一九三四年にプラット修正条項と一九〇三年両国関係条約が廃止されるまで、アメリカが行った軍事介入のうち、グアンタナモ基地が主な役割を果たしたものは次の通りである。

(1)一九〇五年の大統領選挙ではエストラーダ・パルマ大統領が再選されたが、その後に同選挙の不正を糾弾する反対派の動きが国内の混乱を呼び、一九〇六年に至って同大統領が辞任を表明すると同時にアメリカの介入を要請した際には、グアンタナモ基地からも治安出動が行われた。

(2)一九一二年には、有色人種独立党の反乱が勃発した際、グアンタナモ基地から多くの艦船が米軍の兵員を輸送、さらにグアンタナモから直接サンティアゴ・デ・クーバ等周辺地域に米軍が出動した(3)。

(3)一九一六年に行われたキューバ大統領選挙では、再選を目指すメノカル大統領の当選が発表されたが、有権者数よりも投票者数が多かった等の不正が指摘されて国内が騒然となった。翌一九一七年二月、最高裁判所が選挙のやり直しを決定したが、既に反対勢力が武力蜂起を開始していた。米軍のグアンタナモ基地駐留部隊がキューバ東部の各地に派遣され、米軍は基地への水供給とアメリカ資産を保全するためとしてグアンタナモ市を占拠した。第一次世界大戦への参戦を控えたアメリカが、隣国キューバの安定を確保するために、不正選挙で当選したメノカル大統領と共に反乱を鎮圧したのが真相とも言われている。メノカルは同年五月二期目の大統領に就任した。

(4)以上は、キューバ国内治安対策のためのグアンタナモからの介入であるが、それに加えて、アメリカ軍が一九一五年ハイチに、一九一六年にドミニカ共和国に騒乱平定のため出兵した際には、グアンタナモ基地は後方支援基地として使われた。

幻の一九一二年貸借条約

グアンタナモが正式に貸借された一九〇三年、パナマが独立して運河の建設工事が始まった(一九一四年開通)。運河工事の進捗に伴って、パナマからキューバ島の南部を通る海路の重要性に対する認識が次第に高まり、同時に、この海上交通路の安全確保に果たすグアンタナモ米海軍基地の役割が大きなものとなってきた。一九一〇年には、米海軍長官の進言によりグアンタナモ基地がタフト大統領の了解を得て拡張されることとなったが、一方で、もう一つの租借地であるバイア・オンダ湾はキューバ島の北方に位置し、前記の主要海運路から外れていることもあって、アメリカにとってこれを維持する意味が薄れていった。

このような背景のなかで、一九一〇年、アメリカはキューバに対してバイア・オンダ湾の返還とグアンタナモ貸借地域の拡大を提案、一九一一年から条約改正交渉が開始され、一九一二年十一月には新たな貸借条約が合意され、同年十二月に署名されるに至った。

同条約で一九〇三年貸借条約及び補足条約から変更された主要点は、次の三点である。

(1)アメリカはバイア・オンダ湾に対する権利を放棄する。

(2)グアンタナモ基地のための貸借地拡張を認める。

(3)借料を年額二千ドルから五千ドルに引き上げる。

この条約は署名から六カ月以内にアメリカ・キューバ両国の批准を得ることが発効要件となっていたが、両国とも期限内に批准しなかったために、発効の機会を逃してしまった。キューバ上院のなかに、この条約より先にピノス島のキューバ帰属を認めさせるべきであるといった意見があって審議が遅延したとの説があるが、真相はよくわからない。その後一九一四年に至り、キューバ政府は署名と批准をもう一度やり直してこの条約を復活させたいと提案したが、アメリカはもはやこの提案を受け入れず、発効せずに立ち消えた幻の条約となってしまった。

条約は発効しなかったが、アメリカは重要性の低くなったバイア・オンダには関心を示さず、すでに事実上放棄していた。一九一六年の米海軍施設リストにはすでにバイア・オンダは掲載されていない。アメリカは他方で、（幻の一九一二年条約に記された）グアンタナモの拡張予定部分を、キューバ政府を通じずに自ら地権者から直接購入することによって、一九一二年貸借条約の目的を達してしまっていた。アメリカは、もはや一九一二年貸借条約の再署名・批准という手間をかける動機を失っていたのである。

一九三四年条約

一九二九年に始まった世界恐慌のなかで、アメリカでは一九三二年の大統領選挙を経て一九三三年、Ｆ・Ｄ・ローズベルト政権が誕生した。同政権は、発足当初から善隣友好政策を掲げ、他国の権利を尊重し、他国との問題を平和的手段により解決し、米州において一方的な軍事介入をしない方針を宣明した。

この新しいアメリカの政権下、一九三四年四月からアメリカ・キューバのあいだで、一九〇三年に結ばれた三条約の改定交渉が行われた。その結果、一本に纏められた新たな条約が同年五月に署名され、両国の批准もスムーズに行われて同年六月には発効するというスピード交渉であった。

交渉開始にあたってアメリカから提示された新条約の当初案は、最終合意版とほとんど変わらず、キューバ側の要請によってバイア・オンダが貸借の対象から外されたことが、当初案との唯一の違いであった。したがって、一九三四年条約にはバイア・オンダという語は現れない。もっとも、前述の通り実際にはアメリカはすでにバイア・オンダを使用せず、一九一二年の段階でキューバへの返還を決めていたのであるから、新条約交渉の実質的な争点は何もなかったとも言える。基地用地の貸借に関する限り、この一九三四年条約は当時の現状を追認したものにすぎない。

こうしてできあがった新たな条約は、「アメリカ・キューバ間の条約」(The Treaty between the United States of America and Cuba、以下「一九三四年条約」)と呼ばれ、その主要点は以下の三つであった。

(1)一九〇三年の両国関係条約(プラット修正をそのまま両国間の条約に書き込んだもの)は効力を失い、廃止される。(第一条)

(2)一九〇三年貸借条約と補足条約のうち、グアンタナモ海軍基地にかかわる合意の諸規定は、両締約国(アメリカとキューバ)が同条約の規定の修正(modification)または廃止(abrogation)に合意するまでのあいだ、有効である。(第三条)

（3）アメリカがグアンタナモ海軍基地を放棄しない限り、または両国（アメリカとキューバ）政府が現在の境界の変更に合意しない限り、本条約署名の日に基地が有している境界内の現在の領域を維持する。（第三条）

アメリカが租借するのは「現在の領域」（第三条）と記されているが、これは一九〇三年条約に基づいてアメリカが租借していた領域よりも広い面積である。前述の通り、一九一二年以降、アメリカは基地周辺の土地を自らが購入して領域を広げてきた。この拡張分は、厳密に言うと、所有者はアメリカ政府であっても、キューバの主権と管轄権の下にあったのが、一九三四年条約によって、条約上の貸借地の一部として、アメリカの管轄権と支配権の下に編入されたことになる。

同条約の最大の意義は、上記（1）、つまり一九〇三年両国関係条約の廃止、即ちアメリカの対キューバ介入権等を認めたプラット修正条項を取り除いたことである。当時のキューバ政府は、国の独立と尊厳に対する最大の侮辱とも言えるプラット修正条項を条約から除去したという成果を以て良しとして、グアンタナモ基地については現状維持のまま条約改正に同意したのである。

なお、プラット修正条項は一九〇三年両国関係条約に記されていた他、キューバ憲法の付則でもあったが、同じく一九三四年、キューバ憲法改正の機会にこれも削除され、これによって国際法上も国内法上も完全に消え去ったのであった。

アメリカによるキューバ支配の象徴とみられていたプラット修正条項がなくなった結果、代わりにグアンタナモ米海軍基地がアメリカのキューバに対する影響力の最大の象徴となり、キューバの真の自立を妨げる圧力の象徴となってしまったという面もある。

一九四一年十二月にアメリカが第二次世界大戦に参戦すると、グアンタナモ基地では施設が増強され、停泊艦船が増加し、ドイツ軍潜水艦探索などの活動拠点となった。その後、米海軍によるグアンタナモ基地の活用が進み、一九五〇年代には基地人口即ち米軍人・軍属とその家族は一万人を超え、さらに約三千人のキューバ人労働者が基地外から毎日通勤していた。

基地の施設も整備され、軍人及び家族のレクリエーションのために水泳、ゴルフ、ボウリング、テニス、乗馬、野球、バスケット、バレーボール、サイクリング、アーチェリー、ヨット、狩猟の施設が完備されていた。複数の商店、図書館、屋外劇場もあり、カトリック、プロテスタント及びユダヤ教の教会もあった。

註

（1） アルフレッド・マハン（Alfred Thayer Mahan、1840～1914）
アメリカ海軍少将。海軍戦略家。海軍大学校の教官や校長を歴任。近代の海軍戦史を元に海軍戦略論を表した「海上権力史論」は世界各国で広く読まれている。

（2） 共同決議（Joint Resolution）
アメリカ連邦議会の上下両院が共同で行う決議。両院で多数決を以て採決され大統領の署名を得て発効し、法律と同等の効果を持つという点で、通常の法律と同じであるが、主として小規模の支出の承認、宣戦布告(大統領への戦争権限の付与)、憲法修正の提案等を発議する際に活用される議会の意思決定方法である。

(3) キューバでは十九世紀後半に奴隷制度が廃止されたものの、依然として黒人に対する差別が続いていたところ、一九〇八年には、中央政界への参加を通じて差別撤廃を目指す有色人種独立党が設立された。しかるに当時のキューバ政府は、一九一〇年に特定人種だけのための政党を禁止する法律を制定、その結果政治参加の途を事実上閉ざされた黒人たちの不満が一層高まった。一九一二年の独立十周年を迎える頃にはキューバ各地で黒人たちの蜂起が起こり、アメリカ人の財産(特にキューバ東部地域)も略奪・破壊行為の対象とされ、キューバ政府の手に負えない事態となるに至って、アメリカはアメリカ人の生命と財産を保護するため、グアンタナモからの治安出動を行って蜂起を制圧した。

[コラム]アメリカ大統領とキューバ

キューバとアメリカは地理的に近接するだけでなく、政治的にも多くの紆余曲折を経てきた、のっぴきならぬ歴史を共有している。そのように濃密な関係にある隣国どうしなので、アメリカ側のトップである大統領自身が対キューバ関係にかかわることも頻繁であった。革命キューバと外交関係を断絶したアイゼンハワー大統領、キューバ・ミサイル危機を体験したケネディ大統領、キューバと外交関係を回復してキューバを訪問したオバマ大統領は良く知られているが、他のアメリカ大統領の中にも、キューバとゆかりの深い人物がいたことはあまり知られていない。ここでは、キューバと意外な関わりを持つアメリカ大統領のアネクドートを、いくつか紹介したい。

その1　初代アメリカ大統領の住居

十五～十六世紀にスペインがキューバを含むアンティーユ諸島に覇権を確立した後も、長きにわたってこの海域ではスペインと英国やフランスの葛藤が続いていた。本文中に書いた通り、英国・スペイン戦争中の一七四一年、エドワード・ヴァーノン（Edward Vernon）英国海軍少将の率いる艦隊がキューバのグアンタナモ湾を襲った。この戦闘には、英国の北アメリカ植民地からも多くの参加者があった。そのうちの一人が、ヴァーノン少将に薫陶を受けた若者ローレンス・ワシントン（Lawrence Washington）であった。

ワシントン青年はこの戦闘後、故郷バージニア州の家に帰還するが、当時エプスワッソン（Epsewasson）と呼ばれていたこの土地を、尊敬するかつての上司であり海軍の英雄であったヴァーノンの名をとってマウント・ヴァーノン（Mount Vernon）と名付けたのである。

このローレンスの異母弟が、初代アメリカ大統領ジョージ・ワシントンである。その生家マウント・ヴァーノンは、建国の父の故郷として今や有名な観光地となっている。筆者は数年前に訪れる機会があったが、広大な敷地の中に位置する静かで質素な建物である。ジョージ・ワシントンを支えた妻のマーサが当時を振り返ってジョージの物語を聞かせてくれる。アメリカの独立戦争当時は、このマウント・ヴァーノンの直ぐ近くでアメリカ反乱軍（独立軍）と英国軍が戦火を交えたという話を聞いて、ヴァーノン少将は何と言うであろうかと、思わず考えてしまった。ワシントンＤＣから南に三十分～四十分位の距離にある、お薦めの観光スポットである。

その2　キューバで闘ったアメリカ大統領

セオドア・ローズベルト第二十六代アメリカ大統領（共和党）は特にキューバとの関係が深い。ローズベルトは、マッキンリー政権で副大統領を務めていたが、一九〇一年九月十四日にマッキンリーが暗殺されて大統領に昇格し、一九〇四年の大統領選挙にも当選して一九〇九年三月四日まで大統領を務めた人物である。日本では、日露戦争後の講和を周旋し交渉場所としてポーツマスを日露両国に提供したことで知られている。

一八九八年にキューバの独立を巡って米西戦争が勃発したとき、ローズベルトは海軍次官を務めていた。この戦争は海戦も陸戦もあり、双方とも主としてアメリカの正規軍が参加したのであるが、アメリカのメディアでスペインの悪行を聞かされていたアメリカ人は、同年、アメリカ陸軍を支援するための義勇騎兵隊連隊を組織する。正式には第一合衆国義勇騎兵隊（1st United States Volunteer Cavalry）であるが、通称ラフ・ライダーズ（Rough Riders,「荒馬に乗る男たち」）と呼ばれる。

海軍次官であった彼は当然にしてこの戦争に関わる立場にあり、実際に参加したのであるが、関わり方が普通ではなかった。何と海軍次官を辞して、ラフ・ライダーズに従軍し、キューバ南部サンティアゴ・デ・クーバ近郊の要衝サン・フアン・ヒルへの突撃を指揮し、成功させるという業績を残したのである。この功績もあり、一九〇〇年の大統領選挙ではマッキンリーの副大統領候補として立候補し、当選したのである。

大統領になってからも、彼のキューバとの関わりは続く。対キューバ政策は、アメリカのキューバに対する影響力を残しつつ独立を図るという、前任マッキンリー大統領の政策を継承した。ローズベルトは一九〇二年キューバ独立時の大統領であり、一九〇三年にはグアンタナモ貸借に関する条約を締結したアメリカ行政府の責任者でもあった。

キューバ独立後の一九〇二年十二月、アメリカ議会向け演説のなかでローズベルト大統領は次のように述べている。「キューバはアメリカの隣国であり、そこで起こるあらゆる出来事がわれわれに影響することは、わが国民によく知られている。対キューバ関係は、プラット修正条項によりその基礎を確立した。その結果、キューバは、他のいかなる国よりも一層緊密な政治的関係をわれわれとのあいだで維持せざるを得ないのである」。

なお、一九三四年、善隣友好政策の下に、アメリカとキューバがプラット修正条項を廃止して新たなグアンタナモ貸借条約を締結したのは、遠縁の従弟フランクリン・デラノ・ローズベルト第三十二代アメリカ大統領(民主党)であった。

その3　二つの国のトップを経験した大統領

第二十七代アメリカ大統領のウィリアム・タフト(共和党、大統領任期一九〇九年〜一九一三年)は、ユニークなキャリアを持つ大統領である。もともと法律家のタフトは、さまざまな地方の司法職を経て、陸軍長官、大統領と出世の階段を駆け上がるが、さらに大統領職を退いた後に第十代のアメリカ最高裁判所長官となった。アメリカの行政府と司法府の双方のトップを務めたアメリカ史上唯一の人物である。日本では、一九〇五年の桂・タフト協定(日本がフィリピンに野心のないことを表明し、代わりにアメリカが日本の朝鮮における指導的地位を認める内容)で知られている。

さてキューバとの関係である。キューバはスペインからの独立を獲得したものの、その憲法の付則とアメリカとの条約に記されたプラット修正条項により、アメリカがキューバ内政に介入してきたことは、本文中に記したとおりである。キューバの初代大統領となったエストラーダ・パルマは、一九〇五年の大統領選挙に再選を目指して立候補し、当選を果たして翌一九〇六年五月に二期目の大統領に就任するが、この選挙で不正が行われたとして各地で蜂起が発生した。国内の混乱を前に進退窮まったエストラーダ・パルマは大統領職を辞任し同時にアメリカの介入を要請した。これを受けて事態打開のためキューバに赴いた陸軍長官タフトは、プラット修正条項に従ってキューバ臨時総督(Provisional Governor of Cuba)に就任する。在任期間は九月二十九日から十月十三日までのわずか二週間で、後任のチャールズ・マグーンに職を譲ることになるが、政府不在のキューバにおいて全権を担う、元首兼行政府の長だったのである。キューバ(臨時総督)及びアメリカ(大統領)両国のトップを務めたのは、アメリカ史上タフトだけである。日本で言えば、タフトと順序は逆だが、初代総理大臣を務めた後に朝鮮総督となった伊藤博文のような希有な存在である。

なお、キューバ臨時総督となる以前、タフトは、当時アメリカ支配下にあったフィリピンに、民政長官(Civilian Governor)として派遣されていた(一九〇一年七月四日~一九〇三年十二月二十三日)。当時のフィリピンには軍政長官(Military Governor)。あのダグラス・マッカーサーの父親であるアーサー・マッカーサー)も駐在し、言わば民政長官と軍政長官が権力を二分していたので、タフトはフィリピン時代を含めると、二カ国でなく二・五カ国のトップを務めた唯一の人物と呼べるかもしれない。

第二章　グアンタナモと米国・キューバ関係史(2)　キューバ革命以後

「俺はいつも、俺を殺すために訓練されている四千人のキューバ人たちからわずか三百ヤードのところで朝飯を食っているんだ」(映画 *A Few Good Men* より。ジャック・ニコルソン演じるジュサップ・グアンタナモ海兵隊司令官)

キューバ革命とグアンタナモ

キューバ革命

独立後のキューバでは、不正にまみれていたとはいえ、形式上は選挙による政権交代が曲がりなりにも続いていたが、一九四八年に当選したカルロス・プリオ大統領の政権が腐敗を極め、政情不安が高まるなかで、一九五二年、元大統領のバティスタによるクーデターが勃発した。これに対してアメリカは、キューバの秩序安定とアメリカの権益保護のため、バティスタ政権を支持する方針をとった。

キューバでは、フィデル・カストロ他の革命軍が、一九五三年以降、バティスタ政権打倒のため革命闘争を開始するが、この間グアンタナモ地域にも、フィデルの主導する「七月二十六日革命運動」が秘密裏に組織された。この組織はアメリカ海軍基地内の内通者を通じて短銃、ライフル、機関銃や手榴弾を入手し、これらの武器がシエラ・マエストラ山中に潜む革命軍の手に渡っていたと言われる。

アメリカ政府は、一九五八年三月にバティスタ政府への武器供与停止を決定した。しかし現キューバ政権は、実際にはその後も秘密裏にアメリカによるバティスタ政権への武器供与や軍事支援が行われていたとしている。同年五月には、グアンタナモ基地内の内通者から、バティスタ政府がグアンタナモ基地内の飛行場を利用して各地の政府軍に軍事物資を運搬しているとの情報が入り、同年六月、これに対抗してラウル・カストロ(フィデル・カストロの実弟。後の国家評議会議長)の部隊が基地周辺を移動中の米軍兵士二十四名を拘束するという事件が発生した。スミス駐キューバ・アメリカ大使とラウルのあいだで解放交渉が難航している間に、アメリカ内では実力行使により人質を奪回すべきとの意見が高まり、結局、これに危機感を覚えたフィデルの命令により、米軍兵士は七月に解放された。

革命軍は徐々にキューバ国内の支持者層を広げ、遂に一九五九年一月一日にはバティスタが政権維持を諦めてドミニカ共和国に逃亡した。この日を以てキューバ革命は完了し、同九日にはカストロが首都ハバナに凱旋した。

アメリカ・キューバの外交関係断絶

先に述べたように、一九五九年の革命に至るまでのキューバとアメリカは、政治的にも経済的にも深く結びついていた。アメリカ政府は、一九五二年に成立したバティスタの独裁政権に対しては、クーデターによる政権発足当初こそ支持したものの、その腐敗・抑圧姿勢に対して距離を置き始め、カストロによる闘争が始まって後の一九五八年には、前述のとおりバティスタ政権に対する武器供与を停止した。だからといってアメリカ政府がバティスタを見限ってカストロ支持に舵を切ったわけではない。カストロに率られる反バティスタ勢力については、その政治思想やアメリカに対する姿勢が不明であり、米政府部内には、ダレスCIA長官のように、フィデル・カストロの革命軍に共産主義の危険を感じる者もあった。

一九五九年一月にキューバで新政権が成立すると、アメリカは時を置かずして革命政権を承認し、当初は淡々と関係が始まった。二月に首相となったフィデル・カストロは、早速四月に訪米した。革命キューバのカストロが最初に訪問したのはソ連でなくアメリカだったのである。多くのアメリカ国民はカストロに好感を抱いたものの、カストロは、アメリカからの援助は不要でありアメリカと対等の関係の樹立を目指す旨を公言し、援助要請を予測していたアメリカ政府関係者の出鼻をくじくこととなった。訪米中カストロはニクソン副大統領と会談したが、ニクソンは、カストロが共産主義に対してナイーブであると評価する等、よい印象は持たなかった様子である。

カストロがアメリカ訪問から戻った直後の五月、キューバでは農地改革法が制定され、私有農地の接収が宣言された。接収は、カストロの父親が持つ農地を含め四百ヘクタール以上の農地に対して差別なく行われたのだが、その対象には合計六五万ヘクタールに及ぶアメリカ企業特に砂糖産業所有者の農地も含まれていた。その補償額も低価でかつキューバ政府の発行する期限二十年の政府公債で支払われることとされ、アメリカ人資産家とアメリカ政府の反発を招いてしまった。補償問題についてキューバから何ら好意的反応が得らないまま時間が過ぎ、一九六〇年七月に至って、アメリカはキューバ産砂糖の輸入を九五パーセント削減すると発表した。一九五九年から一九六〇年にかけて、キューバ革命政府が約五百五十人にものぼる前政権関係者を簡易な裁判の後に処刑したことも、アメリカにおけるカストロ政権の印象を悪化させてしまった。

キューバはその間、ソ連をはじめとする東側諸国との関係を急速に進展させていた。一九六〇年二月にソ連のミコヤン副首相がキューバを訪問して、貿易援助協定を締結し、一億ドルの借款供与を約束した。五月にはソ連からキューバに原油が到着すると、キューバに石油精製所を持つアメリカのエッソとテキサコはソ連産原油の精製を拒否、これに対してキューバ政府は六月から七月にかけて両企業を含むアメリカ系企業を接収した。ソ連は、前述のアメリカによるキューバ産砂糖輸入削減にあたって、削減された分をすべて引き受けるとしてアメリカに対抗する姿勢を鮮明にした。同年九月、カストロが国連総会出席のためニューヨークを訪れた際にはソ連代表のフルシチョフと会談、ニューヨークからキューバに帰国する際の航空機もソ連が提供する等、キューバ・ソ連関係の蜜月振りを大いに演出した。政治・軍事面では、一九六〇年七月にラウル・カストロ革命軍事大臣がモスクワを訪問してフルシチョフと会談、共同コミュニケにおいて、ソ連がアメリカの対キューバ干渉に対抗するためあらゆる手段に訴えるという言質を得たのであった。キューバはまた、一九五九年九月に中華人民共和国との外交関係樹立を決定したのに続いて、一九六〇年に北朝鮮や東欧共産主義諸国との外交関係を次々に樹立させていった。

このようなキューバとソ連の動きに対してアメリカは一九六〇年十月、一部食料品と医薬品を除くアメリカ製品の対キューバ輸出を禁止した。キューバは一九六一年一月二日、在キューバ・アメリカ大使館員が諜報活動を行っているとして、一五二名のアメリカ大使館員を四十八時間以内に十一名(ワシントンにあるキューバ大使館員数と同じレベル)に削減するよう求め、これに対して翌三日、アイゼンハワー米大統領はキューバとの外交関係を断絶した。以後、五十四年にわたって断絶状態が続くこととなる。

ピッグズ湾侵攻作戦

一九六一年一月二十日、民主党のケネディが第三十五代アメリカ大統領に就任した。前任のアイゼンハワー大統領が残した引き継ぎ案件中に、亡命キューバ人によるキューバ侵攻・カストロ政権打倒計画があった。アイゼンハワー政権はすでに一九六〇年から、亡命キューバ人をグアテマラで訓練し、ＣＩＡの支援の下でキューバに侵攻させる作戦を認めて、隠密裡に着々と準備を進めていたのである。

大統領選挙期間中にキューバの革命政権批判を続けてきたケネディは、アイゼンハワーの残したこの計画を承認した。一九六一年四月十五日にキューバの軍用飛行場に対する空爆が行われ、十七日には、キューバ南部のピッグズ湾にあるヒロン海岸に、約千五百名の亡命キューバ人部隊が上陸し、侵攻が開始された。しかしこの侵攻計画を事前に察知していたカストロは自らが陣頭指揮して、全力でこれに対抗し、一方でケネディ大統領がアメリカ空軍による亡命キューバ人部隊の援護を拒否したこともあって、ソ連・東欧製の武器を最大限に活用したキューバ軍が、十九日に至って侵攻勢力を完全に撃退した。

この間、四月十六日には、カストロはキューバ革命が社会主義革命であることを明言し、決定的に東側につくことを宣言したのであった。

この事件は、カストロ政権をして、アメリカが武力によって革命政権の転覆を図る意図があると確信せしめ、革命政権維持のために頼れるのはソ連及び東側諸国しかないという信念を強固なものにしてしまった。これが翌年のミサイル危機につながるのである。

キューバ革命政府にとっては、アメリカに支援された侵攻勢力を撃破できたことは、国内の団結を固め、政府の対米強硬姿勢に対する国民の支持を得るうえで大きな効果を持った。現在に至るまで、ピッグス湾での勝利はキューバ政府の誇りであり、以後毎年四月にはこの勝利を盛大に祝う式典が開催されている。

アメリカ側においては、侵攻失敗によってキューバに対する敵対的な姿勢が変化するどころか、逆に一層の対キューバ強硬政策が進められることになった。一九六二年一月には、アメリカ主導の下にある米州機構（OAS）は、カストロ政権が米州の民主主義システムと相容れないとして、対キューバ武器禁輸措置を決定した。アメリカは二月に前述の対キューバ禁輸措置をさらに強化し、一部の医薬品を除いて全面輸出禁止とされた。

キューバ・ミサイル危機

事態の推移

一九六二年のキューバ・ミサイル危機（キューバでは「十月危機」と呼ぶ）は、世界が核戦争勃発の瀬戸際に立たされた事件としてよく知られており、国際政治における危機管理のモデルケースとして研究し尽くされた観がある。これまでに多くの書籍も発行されているので、本書では詳細に立ち入らず、主な動きを簡単に振り返りたい。

一九六二年五月末、ソ連のビリュゾフ戦略ロケット軍司令官がキューバを訪問してフィデル・カストロにキューバへの核弾頭搭載ミサイル配備を提案し、カストロがこの案に賛同したのが事の始まりと言われている。同年七月、今度はキューバからラウル・カストロ革命軍事大臣がモスクワを訪問し、フルシチョフ首相、マリノフスキー国防相、ビリュゾフ司令官他と協議して具体的なミサイル配備計画に合意した。両国間でミサイル配備が正式に協定のかたちでまとまったのは、八月にエルネスト・ゲバラがモスクワを訪問したときであるが、正式合意を待たず、早くも七月末から約一八五回に及ぶ海上輸送により、キューバにミサイルとソ連人要員が送り込まれてきた。キューバの公式資料によれば、十月までに三十六基の核弾頭搭載ミサイルと軽爆撃機イリューシン28が配備されていた。

キューバに運び込まれた(あるいはその予定であった)主要な武器は、準中距離弾道ミサイル即ちMRBM(R12、NATOの識別名称は「SS4」)、中距離弾道ミサイル即ちIRBM(R14、NATOの識別名称は「スキーン」)、短距離ロケット・ルナ(NATOの識別名称は「フロッグ」)、軽爆撃機イリューシン28(NATOの識別名称は「ビーグル」)、地対空ミサイルV75(NATOの識別名称は「SA2」)、巡航ミサイルFRK1(NATOの識別名称はSSC2「サリッシュ」)、巡航ミサイルS2(ソプカ、NATOの識別名称はSSC2「サムレット」)、戦闘機MIG21(NATO

の識別名称は「フィッシュベッド」)等である。特に懸念されたのはR12で、その射程は一一〇〇〜一二〇〇マイルに及び、首都ワシントンDCを標的にし得るミサイルであった。R14は二二〇〇〜二八〇〇マイルの射程を持ち、カリフォルニアを含むアメリカ本土のほぼ全てを射程内におさめるものであったが、アメリカの隔離策のため結局キューバに持ち込まれることはなかった(七九ページの写真は、キューバのハバナに展示されているソ連製ミサイルR12。ミサイル危機の終了後キューバ側の要請により、弾頭とエンジンを取り外して改めてソ連からキューバに送られたもの)。また、当時ミサイルとともにキューバに派遣されたソ連の軍事要員総数は四万三千人に上った。

なお、キューバの公式見解及び大方の研究では、上記に記したように、ミサイルをキューバに配備することを提案したのはソ連側とされているが、一部には、フィデル・カストロがキューバへのミサイル配備を要請し、これをフルシチョフが受けたという説もある。いずれにせよ、ソ連とキューバの見解が即座に一致し、短兵急にミサイル配備が進められたことは間違いないので、最初の一言をどちらが発したかはあまり重要ではない。ミサイル配備の動機であるが、キューバにとっては明らかである。即ち、前年のピッグズ湾侵攻計画で示されたアメリカのキューバ革命政権転覆と軍事侵攻の意図に対する抑止力の整備である。一方、ソ連側の動機としてはいくつかの説がある。曰く、ソ連に不利な大陸間弾道弾(ICBM)の対米ギャップを解消するため、中南米唯一の共産主義の橋頭保であり友好国であるキューバを防衛するため、一九六二年にソ連の隣国トルコに配備されたアメリカのジュピター・ミサイルを撤去させる取引材料とするため、ソ連国内政治においてフルシチョフが自らの権威を高めるため等々。ミサイル配備の決定はフルシチョフ首相がほぼ一人で推し進めたと言われているが、彼の頭のなかにはおそらくこれら複数の動機が混在していたのであろう。フルシチョフ自身は回顧録において、ミサイル配備はキューバ防衛のためであったと述べているが。

当初キューバ側は、ミサイル配備計画をあらかじめ堂々と世界に公表することをソ連に提案したが、フルシチョフはこの提案を退け、すべての配備は秘密裡に行い、配備が完了した時点で(一九六二年十一月を想定)公表する方針が貫かれた。ソ連側はミサイル配備計画を「アナディール作戦」と名付けたが、アナディールとはシベリアからベーリング海にそそぐ川の名前で、極寒の地名を付して南国キューバでの作戦と悟られないようにという、ソ連なりのカモフラージュの意図に基づくものであった。後述のアメリカによるマングース計画もそうだが、軍事・諜報オペレーションの名称には、ときとしてことの深刻さを忘れたかのような滑稽なものが見られる。

このようにソ連は全てを極秘裏に行っていたつもりだったが、ソ連からキューバに大量の船舶が派遣されていることは、早くからアメリカに知られていた。さらに亡命キューバ人やキューバ国内のスパイ等からアメリカ諜報機関に対して、キューバでミサイル配備が進んでいるという情報も伝えられていたが、確度の高い情報と判断されないまま月日が過ぎ、その間にミサイル配備は着々と進んでいった。アメリカは他方で、ソ連に対して懸念を伝え、キューバに攻撃用のミサイルがあるという証拠が出てくれれば極めて深刻な事態が起きるであろうと警告を発してきた。これに対してソ連側は、アメリカに証拠を掴まれる前にミサイル配備を完了すべく輸送と設置作業を急がせる一方、フルシチョフはじめあらゆる要人がこれを公に否定していた。実際にソ連は、十月二十五日の国連安保理会合でアメリカがミサイル配備の証拠写真を暴露するまで、ミサイル配備の事実を否定し続けたのである。

ミサイル危機時にキューバに持ち込まれた準中距離弾道ミサイル R-12

しかし遂に十月十四日、アメリカの高度偵察機U2がキューバ上空で写真を撮影し、これが翌十五日にワシントンで解析された結果、キューバの首都ハバナ南西のサン・クリストバルにソ連の準中距離弾道ミサイルR12が見つかった。これを受けて、アメリカでは十六日以降、ソ連のミサイル撤収の意向が発表される二十八日までの「十三日間」(注：ケネディ大統領の弟であるロバート・ケネディ司法長官がミサイル危機について記した著書のタイトル)、毎日国家安全保障会議執行委員会(ExComm)が開催され、アメリカの採るべき政策について討議され、数々の決定が行われた。

ミサイル危機の最中に撃墜された米国のU-2偵察機の残骸

数日にわたって情報収集と激しい議論が続いた結果、アメリカは最悪の事態に備えつつも、フルシチョフを抜け道のない袋小路に追い込んでしまうことを避けるため、キューバのミサイル基地への攻撃という実力行使でなく、キューバ周辺海域をアメリカ艦船（約百八十隻）により「隔離」してミサイルの持ち込みを食い止めることを決定した。十月二十二日の十九時（アメリカ東部時間）に、ケネディ大統領のテレビ演説を通じて、国際社会は、ソ連によるキューバへのミサイル配備とアメリカによる隔離措置によって世界中が緊張した事態に直面していることを知った。キューバでも、アメリカの動きを察したカストロ政権は、ケネディ演説に先だって、国民に警戒を呼びかけ約三十万人を動員して防衛に当たらせる体制をとった（なお、キューバの歴史教科書では、ケネディ大統領は二十二日の演説で「ソ連のミサイルを撤去しなければキューバを爆撃すると警告した」と記されているが、これは誤り）。

その後、アメリカ・ソ連間で公式、非公式の多くの交渉が行われ、同時に国連安保理会合でのアメリカによる証拠写真暴露、ＯＡＳにおけるアメリカ支持決議、キューバから発射された地対空ミサイルによるアメリカ偵察機Ｕ２撃墜等、様々な動きがあった末、二十八日に至り、フルシチョフは、「ソ連は国連の監視の下でミサイル等を撤去し今後も持ち込まない、一方、アメリカはキューバに侵攻しないことを保証する、との提案を受け入れる」と発表し、世界は胸をなでおろしたのであった。当時公表はされなかったが、アメリカは事後、トルコに設置した旧式のジュピター・ミサイルを撤去するという、ソ連側が欲していたもう一つの条件にも応じたのであった。

キューバの抵抗

以上が、世界を揺るがした十三日間の経緯である。この間、キューバ政府は全くアメリカ・ソ連間の議論と決着に関与しなかった。というより、関与させてもらえなかったのだが、全人類が危機の終了を聞いて安堵した十月二十八日以降、キューバはミサイル危機を再燃させかねない独自の動きを見せていた。

(1)現地査察の拒否

二十八日のフルシチョフの声明について事前の相談も通告も受けなかったフィデル・カストロは、ソ連から無視されたことに激怒した。同日付けでカストロからフルシチョフに送られた書簡にも、外交的な表現ながらソ連の決定を大変遺憾に思う旨の心情が吐露されている。カストロは十月三十日から三十一日にキューバを訪問したウ・タント国連事務総長代行の説得工作にもかかわらず、ミサイルをキューバから撤去する際の現地査察を拒否した。米軍も国連査察官もキューバに入れないというのである。

そのため、ソ連の船舶に載せられたミサイルがキューバの港を出港した後に、アメリカ軍機が空からこれを視認するという方法をとらざるを得ず、この便宜的な方法により、アメリカが承知するソ連製攻撃兵器に関する限り、その撤去を確認することが可能となった。十一月二十日、アメリカは撤去完了を確認して隔離措置を終了した。

ソ連は、アメリカがキューバに発見し撤去を要求した兵器は全てキューバから撤去したのだが、実は、カストロの要請を受けてソ連の要員四万人以上を教育旅団としてキューバに残していた(アメリカがキューバから撤去すべしとソ連に要求したリストには軍人は含まれていなかった!)。

一九七九年にアメリカのカーター政権はこの旅団の存在に初めて気が付いたかのように撤退を要求するという出来事があった。ソ連崩壊時には約一万一千人まで減少していたこの旅団は、その後の米ソ合意により撤退したが、このときもキューバ政府は米ソ交渉の蚊帳の外に置かれ、キューバはソ連に不満を表明した。

なお、この他一九六七年から二〇〇二年のあいだ、ソ連はハバナ近郊のルルデスに通信傍受基地を設置していた。さらに一九七〇年にはキューバ南部のシエンフエゴス港にソ連の海軍基地建設が進んでいることが発覚し、このときも米ソ間の交渉により同計画は放棄された。ソ連の崩壊とロシアの経済困難を経て、二〇〇二年以降キューバ国内には確認されているロシアの基地は存在しない。皮肉な見方ではあるが、ケネディは一九六三年に暗殺され、フルシチョフは一九六四年に失脚するが、キューバは現在に至るまでアメリカの侵攻もなく同じ体制を維持しているという点で、実はキューバ危機の勝者は（勝者があるとすればの話だが）、キューバの革命政権だったのかもしれない。

ミサイル危機時、部隊を陣頭指揮するフィデル・カストロ

（2）カストロの五項目要求

カストロはまた、十月二十八日に、ミサイル危機を解決させるために必須の条件であるとして、キューバ自身の要求を五項目にわたって公表し、アメリカにこの履行を求めた。即ち、①対キューバ経済制裁の解除、②キューバ政府転覆活動の中止、③海賊行為の中止、④領空・領海侵犯の停止、⑤米海軍基地のグアンタナモからの撤退とその返還、の五項目である。ギリギリの折衝を経て十月二十八日の合意に至った米ソ両国にとって、これら五項目要求は、米ソ合意の内容を遥かに広げるものであり、ミサイル撤去のためにこれら五項目を新たに交渉する可能性は全くなかった。しかしながらキューバ政府にとっては、いわば矜持の証のような五項目であり、

むしろこれらを実現させる手段としてのミサイル配備であったのだから、五項目の実現可能性はともかくとして、米ソ両国にこれを要求せざるを得なかったのであろう。その後の米ソ交渉においてソ連は、カストロとの関係をこれ以上悪化させないため、キューバ側の五項目要求をアメリカ側に伝えたものの、アメリカが呑むはずのない要求のために米ソ合意を犠牲にする用意はもちろんなかった。グアンタナモ撤退を強硬に主張すれば見合いでキューバのソ連基地や軍人の撤退に繋がることも懸念されたことから、深追いすることなく、五項目要求は立ち消えとなり、ミサイル危機を契機としたグアンタナモからの米軍撤退もなくなった。

ミサイル危機とグアンタナモ

さて、本書の本題であるグアンタナモ米海軍基地は、キューバとアメリカの最前線に位置するホットスポットであり、当然ながらキューバ・ミサイル危機に無縁ではあり得なかった。以下は、ミサイル基地と同基地のかかわりである。

(1)基地の増強

一九六二年十月二十二日にケネディ大統領が発表した通り、キューバの隔離とそれに伴う偶発事態に備える意味もあり、グアンタナモ海軍基地には、海兵隊一個大隊が増強されたのを皮切りに増員が続き、グアンタナモ基地の総兵員は一万六千人に達した。同時に二八九〇人に上る軍人、軍属の家族がグアンタナモから避難した。

(2)グアンタナモ放棄という選択肢

ミサイル危機に対するアメリカ国家安全保障会議執行委員会の議論のなかで、マクナマラ国防長官が、ソ連への提案としてグアンタナモの使用に期限を設定する可能性(つまり一定期間の後にキューバに返還するとの案)に言及した。その後アドレイ・スチブンソン国連大使が更に提案を具体化し、ソ連がキューバからミサイルを引き上げ、キューバ内の基地から撤退するならばアメリカもトルコからミサイルを引き上げ、かつグアンタナモ米海軍基地を放棄するという案をソ連に明示すべきであると提案した。しかしケネディ大統領は、現下の状況でグアンタナモを手放すのは、アメリカがソ連の脅迫に屈し、パニックに陥っているというメッセージを世界に発することになってしまうとして、同提案を却下した。

一方、トルコのミサイルについては、これが液体燃料による時代遅れのもので、戦略的にこれを維持する価値がないのではないかと以前から検討されていた事情もあり、結局、キューバからのソ連ミサイル撤去の見返りとして、後日撤去されることになる。グアンタナモ米海軍基地のほうは、それから五十八年を経た今も依然米軍の管理下にあるが、かつてアメリカ政府ハイレベルからグアンタナモ海軍基地放棄という案が一度でも出されたことは記録に値する。

（3）グアンタナモへの核ミサイル攻撃準備

ミサイル危機が最高度に緊張する十月二十六日の夜半、ソ連は核弾頭装備のミサイルＦＲＫ１をグアンタナモ米海軍基地からわずか十五マイルの地点に移動し、米軍との戦闘が起こった場合には同基地をこの核ミサイルで破壊すべく準備を整えていた。米軍は、グアンタナモ基地は当然ソ連及びキューバの攻撃対象とされているだろうと推定し、それゆえに兵力の増強と家族の避難をして構えていたのであるが、よもや核ミサイルの標的にされていたことは、後年ソ連側の情報公開によって明らかになるまで知る由もなかった。

ミサイル危機の後

マングース計画

ピッグズ湾侵攻作戦が失敗に終わった後も、ケネディ政権は、マングース計画と呼ばれる一連のカストロ政権打倒計画を行ってきた。この計画は様々な具体的作戦から成るもので、アメリカは執拗にこれらの実施を試みるが、遂に成功することなく終わった。キューバを舞台とする作戦なので、当然グアンタナモ海軍基地を利用した作戦も含まれていた。しかしながら、グアンタナモに常駐する米海軍の現場では、同基地が高い丘に囲まれていて覗かれ易い地形で秘密裏に反乱勢力の訓練を行うのは不可能であるとか、かかるオペレーションを行うことが法的に正当化できるのか疑問であるとか、グアンタナモはキューバにとって反米の象徴というセンシティヴな存在であり政治的に問題である等、マングース計画にグアンタナモが巻き込まれることには消極的な意見が多かった模様である。

以下は、グアンタナモを巻き込んだマングース計画の失敗例である。

(1)パティ作戦▼一九六一年七二十六日のモンカダ兵舎襲撃八周年記念日に、サンティアゴ・デ・クーバとハバナでフィデル・カストロ及びラウル・カストロを暗殺するとともに、キューバ各地で製油所等を砲撃し、さらに、キューバ軍に扮した反革命派が、あたかもキューバ軍の報復措置であるかのように装ってグアンタナモ基地を攻撃し、それに応ずる形で米軍の反撃、介入を誘うという計画であった。キューバ政府はこれを事前に察知し、関係者を逮捕して頓挫させた。同年秋の国連総会で、キューバは同作戦を強く非難したが、スティーヴンソン・アメリカ国連大使は、このような作戦の存在を正面から否定した。

(2)ビンゴ作戦▼これは、グアンタナモ基地の外で亡命キューバ人部隊がキューバ正規軍を装って同基地を攻撃し、これに対して米軍が本格的な反抗を行いカストロ政権を倒すというものであったが、この作戦も日の目を見なかった。

グアンタナモとは関係ないが、マングース計画の中には"Operation Good Times"という珍妙な作戦もあったという。これはフィデル・カストロがグラマーな女性と情事に及んでいる写真を偽造してキューバ中に空からばらまいて、カストロの権威を失墜させることを目的としたものであった。今風に言えばフェイクニュースである。

グアンタナモ基地からの挑発行為とキューバによる兵糧攻め

キューバ側資料によれば、アメリカ政府は上記のピッグズ湾侵攻やマングース計画以外にも、数々の反革命・反キューバ活動を繰り広げたとされる。グアンタナモ基地を飛び立ったアメリカの航空機がキューバの国土を爆撃し或いはサトウキビ畑を炎上させ、あるいは同基地を拠点として、東部の反革命勢力に対する支援を行ってきたという。キューバ政府によれば、キューバ革命の後今日に至るまでグアンタナモ海軍基地を起点として、空爆、兵士や市民の殺害などを含め、一万件以上の挑発行為や暴力行為が発生している。キューバ側の発表では、一九六二年から九六年のあいだだけでも、グアンタナモからのキューバ領土侵犯が六一〇件、領空侵犯が六三四五件、領海侵犯が一三三三件発生した他、さらに五二〇二件に及ぶ挑発行為があったという。反対に、アメリカでは、グアンタナモのアメリカ軍に対するキューバ側からの挑発行為も報告されている。

一九六四年には、アメリカ政府がフロリダ海域で不法操業中のキューバ人漁師を逮捕した事件を直接の契機として、キューバ政府は、グアンタナモ米海軍基地に対するヤテラス川からの水の供給を停止した。米軍はこれに対して、大規模な海水淡水化装置(三四〇万ガロン／日を淡水化)や発電装置(八〇万キロワット/時)を設置するなどして基地の自立化を図ったが、基地の維持・運営に必要な地元政府との協力関係を絶たれた基地維持のコストは、大幅に上昇することとなった。なお、この措置に伴って、キューバもそれまで受け取っていた毎月一万四千ドルの水道代金収入を失うことになった。米軍はさらに「安全上の理由」から、同年に二千四百名のキューバ人労働者の約八割を解雇し、その後も基地内のキューバ人労働者は減少し続け、二〇一二年にゼロとなって今に至っている。

G・W・ブッシュ大統領までの冬の時代

キューバ危機後のアメリカ・キューバ関係は、双方の首都に利益代表部を設けるなど、関係改善の兆しが見えた時期も何回かあったが、大きな流れとしては、以下に述べるように、両国の緊張関係が継続し、全体としては先鋭化する時期であったといえよう。

一九六二年、アメリカはキューバを一九一七年敵国通商法の対象国に指定した。これによってキューバとアメリカの貿易は原則として禁止され、アメリカ内のキューバ政府及び関係者の資産が凍結された。

一九七〇年代には、一九七五年のヘルシンキ宣言に象徴されるように、東西関係がデタントと言われる凪の状態に入っていた。この時代背景のなかで、一九七七年アメリカのカーター政権とカストロ政権は、双方の首都に利益代表部を設置することに合意した。ハバナにおいては、すでに一九六一年の外交関係断絶以降スイスがアメリカの利益代表となっていたところ、形式的にはスイス大使館の一部としてアメリカ利益代表部が置かれることとなった。ワシントンDCでは、キューバの利益代表であったチェコスロバキア大使館の一部というかたちで、ワシントンにキューバ利益代表部が置かれたのであった。正式な大使館設置ではないが、互いの首都で両国政府が日常的接触をする体制が整備されたのである。

しかし一九七八年には、キューバがエチオピアに派兵して、アメリカ・キューバ接近の動きは頓挫してしまった。一九七九年にソ連がアフガニスタンに侵攻した際には、キューバはソ連を支持、一九八〇年にはキューバからアメリカに大量の難民が押し寄せる中で両国関係はさらに緊張した。一九八二年三月に至り、アンゴラ等のアフリカ諸国や、中米のエルサルバドル、ニカラグア、グアテマラで、キューバが武装共産勢力を支援しているとして、アメリカのレーガン政権はキューバをテロ支援国家に指定した。

一九八五年五月アメリカで、キューバ内の視聴者に対して民主化を説くラジオ・マルティが開始された。キューバはこれを、キューバの主権に挑戦する内政干渉であり、かつキューバの騒擾を目論むような反革命メディアに独立の英雄マルティの名を冠することは、キューバに対する侮辱であるとして強く非難している。現在に至るまでキューバは、アメリカによる対キューバ宣伝放送の停止を求めている。

一九九一年にソ連邦が崩壊し、共産主義の退潮が世界の潮流となっていたこの時期、アメリカのG・H・W・ブッシュ政権はこれをキューバの体制変更の好機と捉え、一九九二年十月、対キューバ政策を強化するキューバ民主主義法(通称トリチェリ法)に署名、成立させた。さらに一九九六年、クリントン政権下で、諸キューバ制裁法のなかでも最も強力でキューバ制裁の代名詞とも言われるキューバ自由・民主的連帯法(Cuban Liberty and Democratic Solidarity (Libertad) Act of 1996、通称ヘルムズ・バートン法)が成立した。

その後も、次に述べるオバマ大統領の対キューバ政策転換までのあいだ、アメリカ・キューバ関係は、引き続き冬の時代が続いた。

オバマ大統領とアメリカ・キューバ関係の改善

二〇〇八年十一月のアメリカ大統領選挙に当選したバラック・オバマ候補は、選挙キャンペーン中から、これまでの対キューバ政策は誤りであったとして、キューバとの関係改善を唱えていた。二〇〇九年に就任した後は、大統領の権限を行使して、キューバ渡航・送金制限の緩和、情報通信産業のキューバ参入制限撤廃、キューバの米州機構(OAS)復帰支持等、諸々の制裁緩和措置を発表してきた。

同じ頃キューバでは、二〇〇六年に高齢のフィデル・カストロ国家評議会議長が病に倒れ、実弟のラウル・カストロが後継者となった。オバマ大統領のアメリカとラウル・カストロのキューバは、冷え切った両国関係の改善を目指して、ローマ教皇の仲介やカナダ政府の協力を得つつ、秘密折衝を続けてきた。この結果、二〇一四年十二月十七日には、オバマ大統領とカストロ国家評議会議長がそれぞれ、両国間の外交関係の再開に向けて議論を開始する旨を発表し、同時にアメリカは、テロ支援国家指定の見直しや対キューバ制裁の更なる緩和措置を発表した。

二〇一五年四月、オバマ大統領とラウル・カストロ議長はパナマにおける米州サミットの場で初めて会談、五月にはアメリカがキューバをテロ支援国家リストから外した。そして七月には、五十四年振りに両国の外交関係が再開され、両国の大使館がそれぞれの首都で正式に開設された。同時に両国政府は二国間委員会を設置し、環境、人権、移民等に関する種々の政府間対話の枠組みを作ることも合意された。

二〇一六年三月、オバマ大統領は、クリーブランド大統領以来八十八年振りに現職のアメリカ大統領としてキューバを訪問し、ラウル・カストロ議長と会談した。八月にはアメリカとキューバ間に商業便が運航開始するに至った。それまで、アメリカ系キューバ人の里帰りなどの両国間の往来は、全てチャーター便に頼るのみであったが、今ではキューバ各地とアメリカ各地を結ぶ商業便が毎日数十本飛んでおり、二〇一七年には約百万人がアメリカからキューバに渡航した。とくにハバナ・マイアミ間はわずか四十五分のフライトで、筆者もキューバ勤務時は物品買い出しなどで大いに活用していた。物資の欠乏に窮する私たちにとっては両国関係改善の一番有り難い成果であった。

二〇一七年一月のオバマ大統領任期終了までのあいだ、アメリカは合わせて五回の対キューバ経済制裁緩和措置を発表し、両国政府間で二十二に及ぶ二国間の協力覚書が署名された。


オバマ大統領がキューバとの関係改善を進めた背景としては、外交面でのレガシー作りや、中南米地域において対キューバ政策を巡ってアメリカの影響力が低下したことへの反省、キューバ系アメリカ人の多いフロリダ州で世代交代が進み、キューバとの関係推進に対する感情的反発が、徐々にではあるが少なくなってきたこと等があげられる。

一方のキューバにとっては、アメリカとの関係改善により安全保障上の脅威を減少するという主目的の他、疲弊した経済を回復させる必要が痛感される中で、アメリカ・キューバ関係改善に触発された欧州等からの投資呼び込みの狙いがあったと考えられる(ただし、必ずしもアメリカとの貿易やアメリカ資本のキューバ進出を大きく拡大しようと望んでいたわけではない)。

対キューバ関係を一定程度改善させたオバマ大統領であったが、グアンタナモ米海軍基地返還問題については、後述のとおり一切交渉のテーブルに載せないという立場を貫き通したのであった。

トランプ大統領による対キューバ政策の再転換

二〇一六年十一月の大統領選挙では、キューバ政府の予想と期待に反して共和党のトランプ候補が勝利した。選挙キャンペーン中から厳しい対キューバ政策の発動を仄めかしていた候補が、アメリカ政府のトップの座に就いたのである。

トランプ大統領は二〇一七年一月に就任、同年六月には対キューバ政策見直しの骨格を定めた大統領宣言を発表した。同十一月には、この宣言に沿って国務省、財務省及び商務省から対キューバ関係見直しの施策が発表された。これにより、キューバ革命軍系列の企業との取引が禁止された他、オバマ大統領の緩和措置により可能となっていたアメリカからキューバへの事実上の観光旅行が禁止された。その後、クルーズ船の就航禁止、ヘルムズ・バートン法の全面適用など、キューバへの締め付けはさらに強化されている。外交関係や一定の政府間対話は継続しているが、トランプ政権下ではキューバとの関係改善を期待するのは困難と見られる。

トランプ政権による対キューバ制裁措置再強化に加え、時を同じくして、アメリカ・キューバ間にはもう一つの重大な事案が発生し、両国関係に暗雲を投げかけている。在キューバ・アメリカ大使館員の健康被害問題である。米大統領選挙の行われた二〇一六年十一月から二〇一八年六月にかけて、在キューバ・アメリカ及びカナダ大使館員とその家族三十名以上に、原因不明の症状(聴覚障害、目眩、耳鳴り、頭痛、平衡感覚障害、視覚障害、記憶喪失、認識障害等)が発生した事件である。これを受けてアメリカ政府は、在キューバ・アメリカ大使館の規模を最小限の緊急要員(十数名)のみに縮小させるとともに、在米キューバ大使館員二十六名のうち十七名を追放。さらにアメリカ市民に対してキューバへの渡航回避勧告を発出した(その後、渡航注意勧告にレベルを引き下げた)。アメリカでは、キューバ当局あるいはロシア、中華人民共和国、北朝鮮またはイランといった第三国のエージェントが、アメリカ・カナダの大使館員と家族に対して、電磁波など何らかの方法で危害を加えたのではないかと報じられている。アメリカ政府は、この事件を健康への攻撃(Health Attack)と呼び調査を続けているが、現に被害が発生したという事実以外、原因も下手人も不明としている。アメリカ政府は同時に、キューバ政府が原因究明に向けて十分な情報提供をせず、またアメリカ外交官の安全を確保すべき義務を果たしていないと主張している。これに対してキューバ政府は、この事件への関与を否定し、むしろ事件の発生自体が疑わしいとしており、事態は先行きの見えない膠着状態に陥っている。

アメリカとキューバの関係は、オバマ大統領が任期中に行政府として可能な範囲内で行った種々の制裁緩和措置により、運輸や人の交流を中心に相当程度進展したと言えるが、制裁措置の根幹にあるのは数々の対キューバ制裁法である。オバマ大統領は連邦議会に対して、ヘルムズ・バートン法をはじめとする制裁諸法の撤廃を求めてきたが、議会はこれに応じず、制裁の根幹である法律は依然として維持されている。また、制裁諸法の制約があっても実体面で、即ち観光、貿易、金融、投資を含むビジネスの面で、オバマ大統領時代の緩和措置がアメリカ・キューバ間の関係強化を推し進め、いわばポイント・オブ・ノーリターンにまで達するのではないかという期待も一部にあったが、その期待は実現しなかった。アメリカの制裁諸法に触れないかたちでビジネスを進めるにはアメリカ財務省や商務省などの許可取得等に相当の手間を要するとの事情があり、一方でキューバ側においても、アメリカ資本の進出に極めて慎重に対応する姿勢が維持され、本格的な大規模直接投資の実現に至らないまま、オバマ政権が終わってしまったためである。

トランプ政権成立の翌年、二〇一八年四月には、キューバでも政権トップが交代した。一九五九年の革命以来フィデル・カストロ、ラウル・カストロと続いてきたカストロ兄弟が遂に、ナンバー2のミゲル・マリオ・ディアスカネルに新国家評議会議長(元首)兼閣僚評議会議長(首相)の地位を譲ったのである。かねて予想されていた政権交代であったが、ディアスカネル新議長が五十八歳と若く、キューバ革命を主導してアメリカ資産を没収したカストロ家の出身でないことから、アメリカの対キューバ強硬派が立場を軟化させ、アメリカ・キューバ関係の改善に繋がるのではないかという期待も一部で囁かれていた。

しかしながら、政権交代時に表明された新議長の政策方針を見る限り、「資本主義への回帰の可能性は皆無であり、革命を守り、社会主義の改善を継続する」、「今後も帝国主義的な隣国(注:アメリカのこと)に対峙する」等、従前の路線が維持され、一部で期待されたようなキューバの基本的な政策転換はないことが明確に示された。加えて、元首職と首相職こそ交替したものの、「ラウル・カストロは共産党第一書記として引き続き政治の先頭に立つ」、つまり依然としてラウル・カストロと共産党の影響力が強い政権であることが公然と宣言されている。少なくともキューバ側からの対米関係改善の積極的な動きは期待されないだろう。アメリカ政府においても、今回のキューバ政権交替が民主的に行われなかったことに失望する、依然としてキューバの体制は抑圧を続けている等として厳しい姿勢を崩していない。二〇一九年には、憲法改正を経てディアスカネル国家評議会議長が新設ポストの大統領に、マレロ観光相が首相に就任して政府の形式は変更したが、共産党主導という政体も対米政策も変化は見られない。キューバ政府の世代交代を以て、アメリカ・キューバ関係が低空飛行状態から脱することはない見込みである。

アメリカ・キューバ間の長年の懸案

このように、オバマ政権下で関係改善の大きな一歩が踏み出され、現在はこれが再度後退し、足踏みを続けているアメリカ・キューバ関係であるが、両国のあいだには、グアンタナモ米海軍基地の他にも、対キューバ制裁諸法をはじめとして、長年にわたる多くの懸案が残されている。主な懸案は以下のとおりである。

（1）キューバ側にとっての主な懸案（アメリカに対する要求）

（ア）対キューバ経済制裁諸法の撤廃

（イ）グアンタナモの返還
（ウ）反キューバ政府プロパガンダや体制派支援の停止
（エ）対キューバ経済制裁などによる損害の補償（キューバは約千三百億ドルにのぼるとしている）

（2）米側にとっての主な懸案（キューバに対する要求）
（ア）民主主義の進展と人権状況の改善
（イ）キューバ革命により接収されたアメリカ人資産の補償（アメリカは約八十億ドルと算定している）
（ウ）キューバ経済の開放と自由化

いずれの項目も、アメリカ・キューバ双方にとって、六十年前のキューバ革命に端を発する根の深い問題であって、双方の国内事情から、歩み寄りが非常に困難なものばかりである。アメリカ側においては少なくともトランプ大統領政権のあいだ、そしてキューバ側においては政治・経済政策の画期的な転換がないあいだ、これら問題が両国間で完全に解決され、両国関係が文字通り「正常化」することは期待薄と言わざるを得ないだろう。

亡命者・難民とグアンタナモ

一九五九年のキューバ革命後、キューバからアメリカへの亡命が依然として続いている。一九六〇年代までは、グアンタナモ米海軍基地に逃げ込んだキューバ人がアメリカに亡命を認めれるというかたちで、グアンタナモはキューバ人亡命者の主な通過地点の一つとなっていた。革命の翌年である一九六〇年にはほんの数人であったグタンタナモ経由の亡命者は、一九六五年には七十二名、一九六六年に約一四〇名、一九六七年に五百名強、六八年には千名を超える規模であった。

キューバ人のアメリカ亡命ルートは、グアンタナモ経由ばかりではなかった。一九六五年九月、フィデル・カストロは、キューバから出ていきたい者は出ていけばよいと公に表明した。アメリカのジョンソン政権はこれに対してキューバ人受け入れの用意があると応じ、その結果同年十月から十一月だけで約三千人近いキューバ人がアメリカに逃れた。翌一九六六年にはアメリカ連邦議会で、アメリカに合法的に入国したキューバ人に対して入国後一年を経た段階で永住権を与える「キューバ人調整法」が成立した。

キューバからアメリカへの亡命を求め、禁止されていた出国をあらゆる手段で試みる者が後を絶たない状態はその後も続いていた。一九八〇年四月、カストロは同年十月までのあいだ、キューバ出国希望者はマリエル港(首都ハバナ近郊)から出ていって構わないと発言し、カーター・アメリカ大統領が彼らを歓迎する旨を明らかにしたことから、この六カ月間に約十二万五千人のキューバ人が国を捨ててアメリカに逃れた。さらに一九九〇年代に入ってから、グアンタナモ米海軍基地へのキューバ人逃げ込みが急増するのは後述のとおりである。

一九五九年のキューバ革命後現在まで、キューバからアメリカに亡命したキューバ人は百十万人、アメリカ生まれの者も含めると約二百万人のキューバ系アメリカ人がいる。その多くはフロリダ州に居住しており、同州ではキューバ現政権に対する厳しい姿勢をとる政治家が多く(マルコ・ルビオ連邦上院議員、マリオ・ディアス・バラート連邦下院議員など)、アメリカの対キューバ政策に多大な影響を与えている。

グアンタナモ米海軍基地は、その後亡命キューバ人の受け入れだけでなく、当初の基地設置目的にない難民収容所という新たな役割を担うことになった。キューバ側はこれを捉えて、グアンタナモ貸借の目的が貸借条約上「石炭補給または海軍基地のみ」と限定されていることの違反であるとしているのだが、ここでは事態の推移を振り返ってみたい。

先ずはハイチ難民の殺到である。すでに十九世紀のハイチ独立以降、ハイチからキューバへの移民流入が続いていたが、一九五七年にハイチでフランソワ・デュバリエによる独裁政権が誕生し、大規模な難民流出を引き起こすこととなった。最初に約四万五千人の豊かなハイチ人が、六〇年代に入ると約三千五百人の専門職業家たちがアメリカに逃れた。その後一九六〇年代後半から七〇年代にかけて、今度は前二者とは異なる貧しいハイチ人たちがアメリカを目指したが、その多くは、ハイチから目と鼻の先にあるグアンタナモ米海軍基地を目指したのであった。前述のとおり、ハイチとキューバ島を隔てるウィンドワード海峡では、ハイチから海に出て海流に乗りさえすれば、流れに身を任せて自然にグアンタナモに到達できるのである。もっとも、アメリカはこれらハイチからの流入者についてグアンタナモ基地で簡単な審査をしたうえで、その多くを難民でなく経済移民であるとしてハイチに送還した。一九九一年には、ハイチで軍事クーデターが発生し、再び同国からアメリカを目指す大量の難民が発生した。このときアメリカは、グアンタナモ海軍基地内に難民認定手続きを行うセンターを設置してハイチ難民を収容した。このときには合計約二万五千人のハイチ人難民が収容された。

ソ連が崩壊した一九九一年には、ソ連という後ろ盾を失ったキューバ各地から、アメリカへの亡命を目的として大量出国する人々が荒波に乗りだした。アメリカとキューバを隔てるフロリダ海峡で救助されたキューバ人たちは、グアンタナモ海軍基地にひとまず運ばれることとなった。この際には約三万二千人のキューバ人がグアンタナモに収容された。なお、これを契機としてアメリカ・キューバ両国の軍当局間において、いわば必要に迫られるかたちで、海上における人名救助等に関する定期的な接触が開始された。
上記のハイチ人、キューバ人難民対策はアメリカで“Operation Sea Signal”と呼ばれ、米海軍のみならず他のアメリカ政府関係諸機関から構成される合同タスクフォース一六〇(Joint Task Force 160)がグアンタナモ海軍基地内に設置され、人道支援から難民審査、移送または帰還までの一連の業務を担うこととなった。後に述べるように、9・11同時多発テロ事件後にテロ容疑者収容のために設置される収容所も、同じく合同タスクフォースによって運営されているが、その組織構成は九〇年代の難民対策時の例を踏襲するものである。

その後一九九六年と一九九七年には、同じくアメリカへの密入国を目指す中国人たちが海路でアメリカ入国を試み、海上で捕捉される事件が頻発し、彼らの多くもまたグアンタナモ海軍基地に収容された。

さらに一九九九年、コソボ情勢が緊迫した際、アメリカ政府はコソボ難民をグアンタナモ海軍基地に収容することを決定し、この決定をキューバ当局に通報した。ただし、この際にはコソボがあまりに遠隔の地にある等の事情から、コソボ難民のグアンタナモ収容計画は実現しなかった。この時キューバはこの計画に異議を唱えず、さらにアメリカに対してコソボ難民への医療他のサービス提供をはじめとする協力を申し出ていたことが注目される。

なお、現在世界各地で難民が増加し、受け入れ国側の負担が増大しているなかで、オーストラリアがパプア・ニュー・ギニアやナウルの収容施設で難民審査を行う、いわゆる「オフショア方式」を導入したが、これはグアンタナモにおけるアメリカの経験に学んだものと言えよう。

グアンタナモにおけるアメリカ・キューバ協力

グアンタナモ米海軍基地のオスプレイ

前項で紹介したとおり、ハイチ難民やキューバ人亡命者のグアンタナモにおける庇護をめぐって、一時グアンタナモにかかわる米キューバ関係が緊迫したが、その後、双方において陸路からのキューバ難民グアンタナモ流入を押さえる措置がとられた。まずグアンタナモ基地周辺を囲むフェンスが完備され、キューバ側領域との陸上における出入路が一カ所に限定され(基地北東部の Northeast Gate のみ)、そのうえにアメリカ、キューバ双方が境界周辺に地雷を設置したため、陸上経路を通じてグアンタナモに逃げ込むキューバ人亡命者の波は途絶えることになった(なお、アメリカ側はその後一九九九年に地雷を全て除去したが、キューバ側における地雷は未だ敷設されたままである)。以上の措置によって、基地と周辺との直接的な紛争は激減した。
これに加えて、グアンタナモへの難民収容問題をきっかけに、アメリカが毎年二万人のキューバ人に移住査証を発給することが決まった他、両国間で移民協議が開始され、難民や亡命希望者の扱いについて協議するメカニズムが設置された。コソボ情勢が悪化し難民をグアンタナモに受け入れるとの計画が煮詰まっていた際に、キューバが難民に対して医療他のサービスを提供するとの提案を行っていたのは、前述のとおりである。

その後現在に至るまで、両国は境界の両側で、キューバ側、アメリカ側と交替で毎月一回定期的な接触を継続し、密輸対策、人身取引対策、災害対策、疾病対策などについて協議を続けている。この協議は俗に"fence line meeting"と呼ばれている。この会合にはキューバ側からは革命軍をはじめとする政府関係者が出席している。あまり知られていないことだが、グアンタナモ駐留米海軍とキューバ軍東部方面軍は毎年一回、地震、ハリケーン、火事等に備えて合同人道支援演習(米軍は"team-building exercise"と呼んでいる)を実施し、キューバ軍が米軍基地内に入って活動することもある。二〇一八年二月下旬には、基地北部に隣接するキューバ側領域で大規模な山火事が発生し、一千個以上の対人・対戦車地雷が引火・爆発するとともに、米軍基地内にも火事が広がってしまうという大規模な事故があった。この際には、米軍の要請を受けてキューバ軍がトラックやヘリコプターを出動させて基地内の消火活動にあたり、人的・物的被害の発生を防いだ。米軍はキューバ軍の協力を評価し、キューバにおいても、共産党中央委員会機関紙グランマでこの事実を紹介するとともに、「ここ数年のあいだ、海軍基地における緊急事態に対するアメリカ・キューバ間の意思疎通が維持されている」と珍しく肯定的な記事を掲載した(ただし同記事は、グアンタナモの返還要求も忘れていなかった)

かつてグアンタナモ基地には約三千人のキューバ人労働者が働いていたが、米キューバ関係悪化に伴って現在はキューバ人労働者はおらず、また前述のように境界を超えた接触は当局者同士に限られているため、現在では、基地と周辺住民の接触もなく、暴力事件などの諍いも発生していない。

グアンタナモ米海軍基地の入口。キューバとの唯一の連絡口

グアンタナモ海軍基地は両国間の大きな懸案であるが、二十四時間顔をつきあわせている隣人同士でもあり、それ故に、自然災害時の対応など隣人だからこそ協力せざるを得ない課題も多く存在する。これら両者に共通する課題についての対話や共同対応を通じて、両国間特に軍の間の意思疎通と協力のメカニズムが機能していることは、不測の事態を避け

るだけでなく、多少なりともグアンタナモをめぐる緊張関係を緩和するのに役立っていると言えよう。

［コラム］秋山真之とキューバ

本文中に記したように、キューバのグアンタナモ湾は、米西戦争中の一八九八年に米海軍が占領することとなったのであるが、その米西戦争と日本は、ある人物を通じて大きくかかわっている。

その人物とは、秋山真之《あきやまさねゆき》海軍中将である。日露戦争の際、連合艦隊の作戦参謀として日本海海戦の作戦を企画し、ロシアのバルチック艦隊を打ち破った功労者である。司馬遼太郎の小説『坂の上の雲』や、これを元に制作されたＮＨＫのテレビドラマ（同名の作品。二〇〇九年～二〇一一年）で秋山の名を耳にした方も多いと思う。筆者はその昔、島田謹二著『アメリカにおける秋山真之』で彼と出会った。

秋山は、一八九七年六月から、海軍中尉としてアメリカに留学を命じられ、その後はワシントンＤＣの日本大使館付海軍武官として勤務した。その間、元米海軍大学校長のアルフレッド・マハンに師事してアメリカ海軍戦略を学んだ。米西戦争が勃発すると、観戦武官として一八九八年六月から、軍団司令船のセグランサ号に乗り込み、主として米海軍のサンティアゴ閉塞作戦とサンティアゴ海戦におけるスペイン海軍の殲滅を間近で体験した。この体験が、のちの日露戦争なかんずく日本海海戦での勝利に大いに役立ったと言われる。旅順口閉塞作戦は秋山が経験したサンティアゴ閉塞作戦そのものであったし、平素の訓練が実践時の戦技に大きな影響を与えること、炎上による被害を避けるため艦船構造から出来るだけ木材を排除すべきこと等は、いずれも米西戦争を経験した秋山の発案によって日本帝国海軍に取り入れられたのであった。

米西戦争と日本海海戦時の記録は各国の海軍関係者のあいだでは必読と言われているようで、筆者が海外勤務中に各国の海軍武官と会話する際には必ず触れられるテーマであった。文官である筆者はいつも教えられる立場であった。

米西戦争の体験をまとめた秋山の報告書「極秘諜報第百十八号」(または「サンチャーゴ・デ・クーバ之役」)は、実に仔細に海戦の様子を記し、優れた分析に満ちている。軍人にあらずとも、およそ大きな出来事の報告書を書く者にとって、生きた報告の見本のような秀逸な作品である。

秋山は、米西戦争終了後の一八九九年には、米海軍の別の航海に同行して、キューバ島を含むカリブ海の各所に赴き、途中三月にはグアンタナモ米海軍基地にも一週間ほど滞在したと記録されている。

第三章　グアンタナモ返還を求めるキューバの立場（1）　国際政治の場における議論

「われわれは、グアンタナモの米海軍基地が不法に占拠している領土の返還を求め続ける」
（ディアスカネル・キューバ国家評議会議長の国連総会演説より）

いつの時代でも、他国との間に解決すべき問題を抱える国は、国際社会で自国の主張に賛同する味方をできるだけ増やすことを目指して、さまざまな外交的努力をするものである。自国の立場を広く知らしめ、味方の数を増やすことに加えて、自国の主張が、権威ある国際的なフォーラムにおいて文書に明記されれば、相手国に対する外交的圧力として活用することができる。

その手段として最も効果的なのは、拘束力を持つ国連安全保障理事会の決議であるが、アメリカが拒否権を持つ常任理事国である以上、グアンタナモの返還を求める安全保障理事会決議は全く期待できない。しかしながらキューバは、多国間外交の世界で積極的かつ革新的な活動を繰り広げており、国際場裡での味方作りに長けた国である。そのキューバがグアンタナモ返還を主張し、より多くの支持を得る上で有利な土俵は、国連総会やキューバ・シンパの多い国際的な諸機関・機構である。本章では、こういった多国間外交の場でキューバがグアンタナモ返還に向けてどのような外交的努力を行い、成果を挙げてきたかを紹介する。

キューバの多国間外交

[1]国連

(1)植民地独立宣言

一九六〇年十二月、第十五回国連総会は、植民地支配が国連憲章に違反するとして、世界の非自治地域の独立を支持する「植民地と人民に独立を付与する宣言(Declaration on the Granting of Independence to Colonial Countries and Peoples、以下、「植民地独立宣言」)を採択した(国連総会決議第一五一四号[XV])。

同宣言には次の条項が含まれている。

——前文第十一項:「すべての民族は……その主権と領土保全に対する、奪うことのできない権利を有することを確信し」

——本文第四項:「……領土保全は尊重されねばならない」

——本文第六項:「……領土保全の分裂を目論むいかなる試みも、国連憲章の目的及び原則と相容れるものではない」

――本文第7項：「すべての国家は……すべての民族の主権と領土保全という原則の下、国連憲章の規定、世界人権宣言及びこの宣言を忠実かつ厳密に遵守しなければならない。」

革命後の新生キューバを代表してこの国連総会に出席したラウル・ロア外相は、同宣言の審議に際して、アメリカによる植民地主義の一例としてグアンタナモ米海軍基地の存在を掲げ、同宣言の対象には同基地返還要求も含まれると主張した。同基地が、植民地独立宣言に反する外国の支配にあたる、という立場である。

とはいえ、同宣言は、世界に存在する個々の植民地名を列挙していないので、グアンタナモ米海軍基地への言及はなく、そもそも国連総会決議が法的拘束力を持たない点は考慮する必要がある。なお当のアメリカは、欧州諸国とともに同宣言採択にあたって棄権したこと、つまり全世界が満場一致で賛成した決定ではないという事実も、同宣言の権威に陰りをもたらしている。植民地独立宣言を援用するキューバの主張は、国際世論とくに旧植民地諸国への訴えを主たる目的としたものと考えられる[1]。

国連では、植民地独立宣言の採択を受けて、国連総会第四委員会の下に非植民地化特別委員会[2]が設置され、非自治地域のステータスを巡って今日に至るまで審議が続けられている。同委員会は当初二十四カ国から構成されていたので“Committee of 24”または“C24”とも呼ばれ、キューバ、中華人民共和国、ベネズエラ、シリアをはじめとする途上国特に左派傾向の諸国が常連メンバーである。
同委員会では西サハラ、フォークランド（マルビーナス）、サモア、グアム等を非自治地域であるとして議論の対象としている。興味深いことに、キューバは一九七一年以来、すでに国連総会の決議により自治地域とされているプエルト・リコ（アメリカのプエルト・リコ連邦自治区［Commonwealth of Puerto Rico］）に独立を認めるべしとする決議案を同委員会に提出し、これが例年コンセンサスで採択されている[3]。

グアンタナモ米海軍基地の存在が植民地独立宣言に反するというのであれば（当時のキューバ外相はそう明言していたのである）、非植民地化特別委員会においてグアンタナモ返還決議を提出し国際世論の喚起を図ることも、筋の通った対応であろう。プエルト・リコ決議のような議論を呼びそうなものでさえコンセンサスで採択されるのが同委員会である。しかしながら、キューバは今のところ、この場でグアンタナモに関する決議案を通そうという動きは見せていない。同委員会の活動が、国際社会であまり知られておらず、国際的なアピール力に欠けることが、その理由かもしれない。

（2）植民地における軍事基地撤去決議

キューバは、グアンタナモ返還要求の根拠として、一九六五年の国連総会決議第二一〇五号［XX］

「植民地支配下にある諸国及び諸人民に対する独立付与に関する宣言の適用」決議もしばしば引用する。この決議は前述の植民地独立宣言のフォローアップとして、同宣言の実施促進を目的とするもので、本文第十二項で「植民地を持つ諸大国に対して、植民地に設置された軍事基地を撤去し、新たな基地の設置を控えるよう求める」としている。さらに翌一九六六年の総会では「アジア、アフリカ及びラテンアメリカにおける外国軍事基地の廃止」と題する国連総会決議第二一六五号〔XXI〕が採択された。同決議により、十八カ国軍縮委員会会議[4]が本件を検討し報告するよう、第一委員会の関連文書を同会議に提出することが決定されたが、それ以上の動きはない。

これら国連総会決議は、外国(植民地保有国)が植民地に持つ軍事基地の撤去を求める内容であるが、キューバは、グアンタナモ米海軍基地も植民地独立宣言の対象に含まれるという立場をとっているので、外国軍事基地の撤去に関するこれら国連総会決議も、当然にしてグアンタナモ米海軍基地の撤去を求めているという理屈である。

(3)国連総会での訴え

国連の場では様々な会合の機会にキューバ代表がスピーチを行い、会合のテーマに関する自国の立場を披露する。特に例年秋の国連総会ハイレベル・ウィークは、各国の首脳や外務大臣が出席して、国際社会の注目を集める場なので、自国の優先課題について世界に訴えかける格好の機会である。いずれの国も多くの国際的課題を抱えているため、首脳や外務大臣が国連総会で行う演説ではたくさんの案件のなかから取捨選択をすることになるが、キューバの演説では、アメリカの対キューバ経済制裁解除の必要性とグアンタナモ米海軍基地の返還を求めるのが常である。グアンタナモ米海軍基地返還がキューバ政府の重要外交課題であることを示すものである。毎年国連総会で演説する外相はもちろん、二〇一八年にキューバの国家元首として久しぶりに国連総会に登場したディアスカネル国家評議会議長も、そのスピーチで、グアンタナモ返還を求め続けると述べている。

なお、キューバはアメリカに対して様々な要求をしてきているが、現在最も力を入れているのは、キューバに対する一連の経済制裁の撤廃要求である。これについては、国連総会の場で累次にわたり、加盟国の圧倒的多数を得て制裁終了を求める決議が採択されているが、(5) キューバは総会本会議の場にも第四委員会にも、グアンタナモの返還を求める決議案を提出していない。もっとも、一般に国連では、隣国との領土問題など純然たる二国間の懸案に関する国連総会決議案を提出しても多数の支持を獲得するのはそう簡単ではなく(第三国間の係争は、多くの国にとって所詮他人事であり、できれば一方の肩を持って旗幟鮮明にしたくないのが多くの国の本音である)、グアンタナモ国連総会決議が提出されないのは、むしろ国際的相場感には合っている。アメリカの対キューバ経済制裁については、かねてより中南米諸国の間でキューバに対するシンパシーがあり、また同制裁の第三国適用を通じてすべての国にとって問題となっていることから、多数諸国の支持を得やすいという特別な事情がある。

(4)国連事務局の見解

国連事務局は、基本的には加盟国の意思に従って行動することが期待されているので、領土をめぐる揉め事のような、関係国にとって極めて機微な問題について、事務局独自にいずれの国が正しいか等を判断したり、解決の手法について主要加盟諸国に諮ることなく意見を公表することは稀である。ここでは、グアンタナモについて国連が果たし得る役割について、一九六二年の段階でスタヴロポウロス国連事務局法律顧問があくまで内部資料として作成した事務総長宛ての書簡において述べた見解を参考までに記しておく。同顧問は英国・エジプト間の基地問題とグアンタナモは類似のケースであるとして概要次の通り述べている。

「英国は一九三六年の条約に基づいてエジプトに基地を置いていたが、エジプトは一九四七年に、英国軍の駐留は各国の主権平等の原則に違反する、事情変更の原則により基地の撤去を求めると主張した。これに対して英国は条約の有効性を主張して折り合いがつかず、国連安全保障理事会で討議が行われることとなった。同理事会ではソ連とポーランドがエジプトの主張を認める立場であったが、他諸国の賛同を得られず、妥協案として『英国とエジプトの両国に交渉を呼びかける』趣旨の決議案が三度にわたって提出されたが、いずれも採択されず、結局国連での問題解決は沙汰止みとなった経緯がある。グアンタナモのケースもこれと類似の状況であり、仮に国連(安全保障理事会)に持ち込まれたとしても、同様の展開が予想され、どんなに楽観的に見ても、国連で得られるのはせいぜい〝交渉による解決〟の提案程度であろう」。

領土保全という当事国にとって極めて重要性の高い問題について、国連という組織が果たすことのできる役割に限界があることを、正直に吐露する見解である。

[2] 非同盟運動[6]

キューバは、非同盟運動開始の当初からこれに積極的に参加し、一九七九年と二〇〇六年の二回にわたってその首脳会議を首都ハバナで主催している。キューバは、一九六一年十二月にユーゴスラビアのベルグラードで開催された第一回非同盟首脳会議にドルティコス大統領を派遣し、アメリカがキューバ人民と政府の意思に反してグアンタナモに海軍基地を置いていることの不正を訴えるとともに、市民と政府の同意なき全ての外国軍事基地の即時撤去を要求する宣言の採択を求めた。

同首脳会議の成果として発表されたベルグラード首脳会議宣言には、一般的な原則として、外国軍事基地廃止を求める条項(宣言第十一項)が含まれた。さらに、キューバのグアンタナモ基地自体についても、「グアンタナモ米海軍基地の存続には、キューバ政府とキューバ人民が反対を表明しており、同基地はキューバの主権と領土保全を損なうものであることを確認する」(宣言第十二項)との条項も挿入され、キューバは多国間政治外交の舞台において、初めてグアンタナモ返還要求への明示的な支持を得たのであった。

その後キューバは、一九七九年の第六回首脳会議、二〇〇六年の第十四回首脳会議を主催したが、ホスト国・議長国として自国の主張をより反映させやすいはずの両首脳宣言にも、グアンタナモの返還というキューバ個別の主張は記されなかった。キューバの兄弟国ベネズエラで二〇一六年に開催された第十七回首脳会議の宣言でも同様であった。百二十カ国に膨らんだ加盟国の要望をすべて首脳宣言に反映させるのは難しくなってきたのであろう。

もっとも、至近の第十八回非同盟諸国首脳会議では、各国首脳が成果を誇れる文書を必要としたためであろうか、首脳宣言に加え、各国のあらゆる要求を盛り込んだ全二五〇ページ、一一七二項目からなる分厚い「バクー最終成果文書」が採択された。目を凝らして探した結果、その第六三八項に「百年以上にわたりキューバ人民の意思に反してその領土の一部が不法占拠されていることを懸念し、アメリカ合衆国政府に対して、グアンタナモ海軍基地により占拠されている領土をキューバの主権の下に返還することを求める」との文言が挿入されていた。

[3] 地域的国際機関

(1) 米州人民ボリバル同盟[7](ALBA)

ALBAは中南米地域においてキューバと思想信条的に近い諸国の機構で、首脳会議等の各種会合では、キューバは必ずアメリカの対キューバ経済制裁撤廃とグアンタナモの返還を呼びかけている。これら会合、特に首脳会議が開催される際には、各国共通の主張を盛り込んだ宣言が発出されてきている。これまで九回の首脳会議が開催され、その都度宣言が発出されてきたところ、過去二回の首脳宣言のなかで、次の通りＡＬＢＡ諸国としてグアンタナモのキューバへの返還を求めている。

――二〇〇九年第七回首脳会議（於ボリビア）の共同宣言：「ラテンアメリカ・カリブ諸国における米軍基地の設置は、人民間の不信を引き起こし、平和を危いものとし、民主主義を脅かし、米州大陸における覇権主義的干渉を手助けするものである。ラテンアメリカ・カリブ地域は平和的な地域であり、我が人民達を脅かす外国の軍事基地や軍隊から解放されなければならない。コロンビア政府は、このような軍事基地の設置について再考しなければならない。アメリカ海軍基地がグアンタナモで不法占拠する領土は、無条件にキューバに返還されなければならない」

――二〇一五年三月の臨時首脳会議（於ベネズエラ）の宣言：「キューバとアメリカの外交関係の回復のための対話プロセスに対する強い支持を表明し、（アメリカのキューバに対する）経済・貿易・金融制裁の完全かつ即時の撤廃を要求し、オバマ大統領に対して、行政府の権能により可能な全ての制裁緩和措置を執るよう要請し、グアンタナモ海軍基地による領土の不法占拠を止めるよう要求する」

これは、前年の二〇一四年十二月にアメリカとキューバ両国首脳が関係改善に向けた交渉を開始する旨の発表を行ったことを踏まえた表現である。

ＡＬＢＡ諸国はいずれもグアンタナモのキューバへの返還を支持する諸国であるので、首脳会議の宣言にもその支持が表現されるのは当然とも言えるが、それでも全ての会合の全ての宣言や文書でこの支持が明記されているわけではない。ＡＬＢＡ諸国全体の優先的な関心事項は、当然ながら各国の事情や会合開催時の国際情勢などによって移り変わるものであり、全ての首脳が常にグアンタナモ返還要求をトッププライオリティーとして念頭においているのではないことが見て取れる。

(2)ラテンアメリカ・カリブ諸国共同体[8](ＣＥＬＡＣ)

キューバは、アメリカと距離を置くラテンアメリカ・カリブ諸国共同体の活動に対して、第二回首脳会議(二〇一四年)をハバナに招致するなど、積極的に参加している。二〇一六年にエクアドルの首都キトで開催された第四回首脳会議では「米海軍基地がグアンタナモで占拠している領土のキューバへの返還に関する特別宣言」が発出された。同宣言には「米海軍基地がグアンタナモに占拠している領土をキューバ共和国に返還することは、キューバ人民と政府が繰り返し求めてきたように、国際法に準拠し(アメリカ・キューバの)二国間対話を通じた両国間関係の正常化プロセスにおける重要な要素となるべきである」と記され、すべての中南米諸国からの支援を得ることができた。続く第五回首脳会議(二〇一七年一月にドミニカ共和国で開催)においても同様の内容からなる特別宣言が発出されている。キューバにとっては大きな外交的成果である。ただし、宣言に書かれた文言をよく読むと、一方的にアメリカを非難したりキューバの主張をそのまま記述しているのではなく(たとえば「不法」占拠とは言っていない)、キューバの主張とも、ＡＬＢＡ首脳会議宣言の文言ともずいぶんニュアンスの異なる表現振りである。他の中南米諸国にはこの問題を巡ってキューバに対するシンパシーはあるにしても、それぞれ異なるアメリカとの距離感を持っており、また法的観点からも必ずしもキューバと全く同じ見解を共有しているのではないことが読み取れる。

(3)以下の通り、中南米諸国の多くが参加する地域機構は他にもあるが、キューバの参加しないOASはもちろん、他の機構においてもグアンタナモについて特段のアクションはとられていない。

(ア)米州機構(OAS)

上記の他、中南米でよく知られる地域国際機関に米州機構(Organization of American States、OAS)がある。アメリカのイニシアティヴの下、一九五一年に発足した。本部をワシントンDCに置く。米州において、いわゆる中南米諸国に加えてアメリカとカナダも参加する唯一の汎アメリカ際機関で、同地域の諸問題の解決にあたり中心となる機関。近年は米州各国での選挙監視活動等に重要な役割を果たす等、特に域内の民主化の確立、維持を重視している。キューバは一九五九年革命の後にアメリカとの関係が悪化し、一九六二年の対キューバ制裁決議によりOASを除名され、キューバ側もOAS脱退を発表した。その後、OAS側では二〇〇九年に同決議を廃止することが決まったものの、キューバの方が、OASはアメリカに操られた組織であるとして、依然復帰する意図を示していない。

(イ)米州サミット

米州サミット(Summit of the Americas)は、一九九四年以降、アメリカ、カナダ、中南米諸国(キューバを除く)が参加してきた米州諸国首脳レベルの会合である。長らくキューバは非民主主義国であるとして排除されてきたが、二〇一四年十二月にアメリカのオバマ大統領とキューバのラウル・カストロ国家評議会議長が二国関係再開に向けた対話の開始を発表したことから流れが変わり、二〇一五年にパナマで開催された第七回サミットには、オバマ大統領とラウル・カストロ議長の両名が出席し、初めて両国間首脳会談が行われた。

(ウ)イベロアメリカ・サミット

少し毛色の変わったものとして、一九九一年からスペインのイニシアティヴで始まったイベロアメリカ・サミットがある。スペイン、ポルトガルとその植民地であった中南米諸国による首脳会議である。その性格上、旧英国領のカリブ諸国や旧フランス領のハイチは参加していない。

国際機関や国際的会合の決議や宣言は、国連安保理決議を除けば、どんな文言であれグアンタナモの将来についてアメリカを法的に拘束する効力は持たないが、国際世論を動かしていくというキューバの外交目的のためには有効な手段である。キューバは、今後もグアンタナモ返還に賛同してくれる味方の多い国際的なフォーラムで主張を続け、その決議や宣言にキューバの主張をできるだけ反映させていく努力を続けていくことになろう。

アメリカへの直接要求

キューバは、当然ではあるが、さまざまなレベルにおけるアメリカとの交渉の場において、一九五九年の革命以降絶えることなくグアンタナモ返還を要請してきている。二〇一六年三月にオバマ・アメリカ大統領がキューバを訪問した際も、キューバ政府は「経済制裁の撤廃とグアンタナモの返還はキューバにとって最優先の懸案であって議論のテーマであった」と発表している。ラウル・カストロ国家評議会議長はオバマ大統領との首脳会談後、共同記者会見で「アメリカ・キューバ関係正常化のためには……グアンタナモ米海軍基地により不法に占拠されている領域のキューバへの返還が必要である」と述べている。一方のアメリカは一貫して、グアンタナモ返還はキューバとの交渉の「議題にない」として交渉を拒否しており、上記首脳会談でも「キューバ側はグアンタナモ基地の土地の返還を求めたが、米側は、本件は議題でないことを明確にしてきた」(ベン・ローズ大統領補佐官によるブリーフィング)として交渉に応じていないのが現状である。言うまでもなく、トランプ政権でもアメリカの立場は変わっていない。

今後の見通し

キューバ政府は二〇〇〇年二月「バラグアの誓い」と呼ばれる対米批判の声明を発表したが、そのなかでグアンタナモについて次のように記している。

「現段階において優先度の高い目標ではないが、わが人民の正当で奪うことのできない権利として、不法に占拠されているグアンタナモの領土は適切なときにキューバに返還されなければならない」(傍点筆者)

二〇一六年のオバマ大統領―ラウル国家評議会議長のトップ会談にもかかわらずグアンタナモについて何の進展もなかったことを受け、キューバ外務省は、アメリカとの会談では必ずグアンタナモ返還を求めてきており今後も求め続けるとしつつも、同時にこの問題が非常に複雑で一朝一夕に解決するとは考えていないとの認識を示している。

アメリカとキューバのあいだには多くの懸案があるが、キューバ政府の種々の言動を見ていると、最も高い優先度を以て対応しているのは、対キューバ経済制裁の撤廃要求である。前述のとおりキューバ政府はこれまで二十八回にわたり、国連総会の場で経済制裁終了を求める決議を上程し、圧倒的多数を以てこの決議を採択させてきているが、グアンタナモ返還についてはこのような動きは未だに着手していないのである。グアンタナモ返還の実現は、多国間外交の場での環境醸成にせよアメリカとの直接交渉にせよ、非常にハードルが高いので、返還が実現するとしても長い時間を要すると認識していることの一つの表れが、上記の「バラグアの誓い」にある「適切なときに」キューバに返還されなければならない、つまり今はまだ返還に適切な時ではない、という表現に凝縮されているのではなかろうか。

註

（1）国連総会決議第一五一四号採択時の投票結果：賛成89、反対、0、棄権9（アメリカ、英国、フランス、ベルギー、ポルトガル、スペイン、南アフリカ、豪州、ドミニカ共和国）。

（2）非植民地化特別委員会（Special Committee on Decolonization）
正式名称は「植民地と人民に独立を付与する宣言履行特別委員会（Special Committee on the Situation with Regard to the Implementation of the Declaration on the Granting of Independence to Colonial Countries and Peoples）」。
二〇一九年十二月現在のメンバー諸国：アンティグア・バーブーダ、ボリビア、チリ、中華人民共和国、コンゴ、コートジボワール、キューバ、ドミニカ、エクアドル、エチオピア、フィジー、グレナダ、インド、インドネシア、イラン、イラク、マリ、ニカラグア、パプア・ニュー・ギニア、ロシア、セント・キッツ・ネーヴィス、セント・ルシア、セント・ヴィンセント・アンド・グレナディーンズ、シエラ・レオーネ、シリア、東チモール、チュニジア、タンザニア、ベネズエラ

（3）非植民地化特別委員会のプエルト・リコ決議
同決議は、「プエルト・リコ人民の、奪うことのできない自決と独立の権利を再確認する」、「プエルト・リコ人民は自ら明白な国家的アイデンティティ（national identity）を持つ、ラテンアメリカ・カリブの国家（nation）であることを改めて強調する」、「アメリカ政府に対して、プエルト・リコ人民に、奪うことのできない自決と独立の権利を十分に行使できるためのプロセスを早急に進めるべき責任を果たすよう求める……」等を内容とし、例年同委員会では採択されるが、上位機関である国連総会第四委員会においては、特段のアクションはとられていない。

（4）十八カ国軍縮委員会
軍縮会議（CD）の前身。当初十八カ国から構成されていたことからこう呼ばれている。

（5）第七十四回国連総会本会合で二〇一九年十一月七日に行われた投票では、「アメリカの対キューバ経済制裁終了の必要

性」に関する決議案が賛成187、反対3(アメリカ、イスラエル及びブラジル)、棄権2(コロンビア、ウクライナ)で採択された。同様の決議が国連総会で採択されるのは、これが二十八回目である。

(6) 非同盟運動

英語でNon-Aligned Movement, NAM。第二次世界大戦後の冷戦期、東西両陣営のいずれとも同盟関係にはない諸国という意味で「非同盟」運動と称している。一九六一年に設立され、数年毎に首脳会議を開催している(現在一二四カ国が加盟)。しかしながら非同盟諸国メンバー諸国のなかには、キューバやベトナムをはじめ、自身が東側諸国と同様の政治体制であるうえに、ソ連と軍事同盟関係にあった国も含まれていたので、言葉の真の意味における「非同盟」が徹底されていたわけではない。それに加えて、冷戦の終了によって非同盟運動は大義名分を失い、往時の勢いと魅力は衰えてしまった。首脳会議への参加首脳数を見ても、二〇一九年首脳会議への首脳の出席はわずか十七名にとどまった。さはさりながら非同盟運動は依然として国際機関や国際的な場において多数を誇る大ブロックとしてスクラムを組み、国際社会へのアピールを続けている。現在では、政治的には非同盟・反帝国主義という主張を維持しつつも、実際には途上国のグループとしての南北格差是正等の経済的要求が重みを増し、G77(現在一三三カ国が加盟)とほとんど同じメンバー構成となったこともあって、G77の別動隊的な存在になりつつある。

(7) 米州人民ボリバル同盟(ALBA)

米州人民ボリバル同盟(Alianza Bolivariana para los Pueblos de Nuestra América)は、二〇〇四年にキューバとベネズエラのイニシアティヴで発足した「米州ボリバル代替統合構想」が発展拡大したもので、その後参加国を増やし二〇〇九年に現在の名称に変更、中南米の左派政権が参加している(参加国は十一カ国まで増えたが、二〇一八年にはエクアドルが脱退を表明した)。主としてベネズエラの豊富な石油資金を元に、貿易代金の物品による支払いを認める特別協定、加盟諸国への石油代金優遇支払い措置等の地域経済協力を通じて、将来的な共同経済圏の設置を目指す機構。経済協力のみならず、政治面でも反米、反帝国主義を旗印にした政治的主張を行っている。

(8) ラテンアメリカ・カリブ諸国共同体

二〇一一年に発足した中南米諸国の組織。すべての中南米諸国三十三カ国が参加。アメリカから自立した中南米の地域統合を目指し、中南米の問題は中南米で解決するという理念を掲げていることから、同じ米州でもアメリカとカナダは参加していない。定期的に閣僚会議と首脳会議を開催している。スペイン語の正式名称は“Comunidad de Estados Latinoamericanos y Caribeños” CELAC。

[コラム]グアンタナモ貸借補足条約の「間違い?」

グアンタナモ貸借の詳細な条件について定めたアメリカ・キューバ間の一九〇三年の補足条約には、借料について英文とスペイン語文に食い違いがある。英語では前述の通り二千「ドル」なのが、スペイン語では二千「ペソ」と表記されているのである(9)。

現在のキューバの通貨はペソであるが、一九〇二年に独立したキューバ共和国政府が自国のペソ貨を発行したのは一九一四年であったので、一九〇三年当時のペソという表記はおそらく旧宗主国スペインのペソを指すものと思われる(もっとも一九一四年以降スペイン・ペソは使われなくなり、ペソと言えばキューバ・ペソのことなのでややこしい)。アメリカは条約に自国の言語で書かれた通りの二千米ドルを支払ってきたのであるが、一八九八年には一スペイン・ペソ＝0.6ドルだったので、キューバは条約(スペイン語版)の定める額以上の借料を得ていたことになる。

外務省で長短さまざまな国際約束の交渉にかかわった経験に照らすと、一九〇三年補足条約のような短いテキストの国際約束について、アメリカ・キューバの双方がこの記述の違いを見落とすとは考えられない。さらに一九三四年の条約改訂時の交渉でも、両国の交渉者はこの通貨表記の違いに気づいた筈であるが、ここでも修正されなかった。その後も、誰かがこの齟齬を指摘して再協議の要請が行われた様子もない。一般に条約の交渉には、論理的整合性だけでは説明しきれない部分が残ることも多い。借料表記の違いは「間違い」ではなく、何らかの事情があって、意図的に通貨の表記を統一しなかったのではなかろうか。

註

（9） 英語版：annual sum of two thousand dollars, in gold coin of the United States
スペイン語版："la suma anual de dos mil pesos en moneda de oro de los Estados Unidos"

第四章　グアンタナモ返還を求めるキューバの立場（2）　国際法的観点からの考察

「キューバ人民とキューバ政府が、簒奪された領土の返還を求めるのは正当な要求である。真実と歴史はわれわれの味方である」（キューバの国際法学者アロルド・ベルトー・トリアナ）

前章で見たとおり、キューバ政府は、グアンタナモ返還を求める根拠として、植民地の解放という政治的な立論を盛んに行っているが、同時にグアンタナモがアメリカにより「不法に」占拠されているという法的な主張も展開している。本章では、キューバが「不法」占拠と判断する国際法上の根拠について検証を試みたい。グアンタナモの貸借は一九〇三年及び一九三四年の貸借条約に基づくものとされているので、端的には、国際法に照らしてこれら条約が当初より無効であったのか、或いは有効に成立したこの条約を終了できるのか、という問題である。

ウィーン条約法条約の観点からする検証の限界

ここから筆を進めるにあたり、以下のとおり、いくつか留意すべき点がある。

(1)条約法に関するウィーン条約との関係

一般的に、ある国際条約が有効か否かを検討する際にガイドラインとして参照されるのは、一九六九年の条約法に関するウィーン条約(以下「ウィーン条約法条約」)であり、本章でも大いに引用することになるが、グアンタナモに関しては、以下の事情を念頭に置く必要がある。

第一に、アメリカがウィーン条約法条約の当事国でないことである(アメリカは一九七〇年に同条約に署名したものの未だ批准していない)。それでもアメリカ政府は「ウィーン条約法条約の多くの規定は、条約法に関する慣習国際法を構成している」(注:慣習国際法ならばアメリカにもキューバにも適用される)との立場をとっているので(アメリカ国務省HP)、同条約に照らしてグアンタナモ貸借条約の有効性を検討することにそれなりの意味はある。

第二に、ウィーン条約法条約は不遡及を原則とするが(第四条)、一九〇三年、一九三四年の貸借条約がいずれもウィーン条約法条約以前の条約であることである。ただし、この点についても、キューバは一九八九年に同条約を批准した際の解釈宣言[2]において、同条約が(既存の)慣習国際法等を体系化したものであり、過去の条約にも適用されるとして、グアンタナモ返還の主張に同条約を援用することを示唆しているので、同条約に照らした検証は相当程度の意味を持つといって差し支えあるまい。

第三に、キューバ政府がこれまでに公表した包括的なグアンタナモ問題に関する法的見解は、キューバがウィーン条約法条約に加入する以前に書かれたものであり、同条約の規定を明示的に引用していないことである。さらに、キューバが社会主義国独特の見解を以て国際法を解釈し運用しているために、われわれの理解を困難にしている面があることを申し添えておきたい。

(2)グアンタナモ貸借の「不法性」に関するキューバの公式見解

ウィーン条約法条約に加入した後、キューバ政府はグアンタナモ貸借の不法性に関する詳細な法的説明振りを公式に表明していない。筆者は二〇一七年初以来キューバ外務省に対して、現段階におけるキューバ政府の公式見解を照会してきたが、説明は得られなかった。もっとも、後に述べるように、政府部内で法的主張を精緻なものに作り上げるべく検討を進めている最中なのであれば、筆者のような部外者に対して、軽々に手の内を明かせないのは当然であろう。

キューバ政府は現在に至るまで、グアンタナモの返還を求めて仲裁裁判や国際司法裁判所での司法的解決という提案を行っていないので、訴状などによってその法的主張の詳細を知ることができないことも、法的観点からの検証を困難にしている。

(3)アメリカ政府の見解

もう一方の当事者であるアメリカであるが、前述のとおり、キューバがアメリカとの協議の場でグアンタナモ返還を求めても、これを「議題としない」方針を貫いている。いわば相手にしていないのである。「一九三四年の条約に基づいてグアンタナモを合法的に租借している」というのがアメリカの公式の立場であり、キューバ側のさまざまな論点に関してはいちいち反論をしていない。唯一、キューバが事情変更の原則に基づく返還要求をしてきた場合の法的整理に関するアメリカ政府の内部文書が情報公開されているが、これについては後述する。

以上、ウィーン条約法条約に沿ったスタンダードな国際法解釈に従って、キューバのいうグアンタナモ貸借の「不法性」に関する主張を検証するのに限界があることを述べたが、それでも、上記に述べたように、ウィーン条約法条約が慣習国際法を法典化した条約という側面を持つことと、同条約が普遍化しつつある現状に鑑み、同条約に照らして検証を進めていく意味は大きい。以下、キューバの主要な議論を紹介し、一つずつ解説を加えていきたい。

本章の基本的資料

グアンタナモ「占拠の不法性」について、キューバ政府が公式にまとまった法的見解を発表したのは古く、一九七〇年の「犯罪と挑発のヤンキー海軍基地」(Base Naval Yanqui de Crímenes y Provocaciones)と一九七九年の「或る簒奪の歴史」(Hisotoria de una Usurpación)の二つの資料である。それ以降にキューバ政府の法的主張を包括的に纏めた公開文書は承知しない。

キューバで公刊される著作は検閲の対象であり、就中グアンタナモのような政治的に重要な事項に関して出版された書物は、政府の方針と軌を一にするか、少なくとも政府の了承を得た見解であると考えられる。そこで、本章ではキューバ政府の見解を補強する材料として、上記公式文書に加えて、主として以下のキューバ人識者達の著作をも参照した（詳細は巻末の引用・参考文献を参照）。

――オルガ・ミランダ・ブラボ「望まれざる隣人：グアンタナモのヤンキー基地」（ミランダはキューバ外務省で三十年間にわたって法務局長を務めた人物。現在キューバで発表されるグアンタナモ関係の書籍や論文は、ほぼすべてがこれを引用している）

――レオネル・カラバリョ・マケイラ「グアンタナモ海軍基地の協約―弁解の余地なき無効性」

――エルネスト・リミア・ディアス「プラット修正条項とグアンタナモ湾の海軍基地」

――エリエル・ラミレス・カニェド「一九三四年の関係条約とグアンタナモ米海軍基地―新たな不法性の表現」

――アロルド・ベルトー・トリアナ「グアンタナモ海軍基地と国際法」

――レネ・ゴンサレス・バリオス「グアンタナモ湾における米海軍基地の影響」

――ガルシア・デル・ピノ・チェン「キューバの湾グアンタナモ」

一方、アメリカ側については、政府の公式見解としてのグアンタナモ使用の合法性に関する文書は後述の一九六二年政府部内メモしか見つからなかった。識者の立場からキューバ側の議論を分析したものとしては、マイケル・シュトラウス「The Leasing of Gutantanamo Bay」が詳しい。その他の資料については巻末の引用・参考文献を参照願いたい。

主要なキューバの見解

以下、キューバ政府の公式見解及び有識者の著作に準拠してその主張を紹介する。

1　制憲議会の越権行為(Falta de capacidad jurídica de los convencionales de 1901, con respecto a las relaciones y concesiones exigidas por Estado Unidos)

(1)キューバの見解

(ア)キューバ外務省の資料は次の通り述べている:「一九〇〇年から一九〇一年まで活動したキューバ制憲議会はそもそも、制憲議会招集の後に出されたプラット修正条項を受け入れる権限を付与されていなかった。法の基本原則として、合意をした者が自分に与えられた権限を越える合意をしたならば、その合意は無効である。よって憲法の付則に加えられたプラット修正条項は憲法違反であり無効である」

(イ)ガルシアは、これに似た見解として、「一九〇一年のキューバ憲法第三条は〝共和国は、いかなる形式であれ、国家の主権または領土の保全を制限しまたは損なう合意または条約を締結し、批准してはならない〟と規定している。よって、グアンタナモの貸借はその開始当初から無効であった」と述べている。

（ウ）ミランダは次のように同旨の議論を展開する：「グアンタナモはアメリカへの貸借というが、これは貸借とは言えず放棄である。キューバ憲法は領土の放棄を認めていない、したがってこの貸借は無効である。憲法の基本的な原則に反する条約は効果を持たない。いかなる国も領土の一部に対する主権を放棄するような義務は、たとえそれが技術的に期限の定めのない貸借と呼ばれるとしても、条約を通じて自らに課すことはできない」

ミランダはさらに次の通り述べている：「一九〇三年の貸借条約第三条は、一九〇一年憲法の領土保全原則をないがしろにするものである。一九〇一年憲法第二条は、〝（キューバ）共和国の領土は、一八九八年十二月十日のパリ条約批准までスペインの主権の下にあったキューバ島及び周辺島嶼である〟と規定する。一九四〇年キューバ憲法の第三条は、上記と同様の規定に加え、〝（キューバ）共和国は、いかなる形式においても、国家の主権または領土の保全を制限しまたは損なう協定または条約に合意し批准してはならない〟と規定している」

（エ）ミランダもベルトー・トリアナも、一九〇三年貸借条約が無効である以上、同条約のうちグアンタナモ基地にかかわる合意の諸規定が有効であるとした一九三四年条約も無効である、と主張する。

（2）解説

（ア）上記の見解には補足説明が必要である。キューバ外務省は、一九〇〇年に招集されたキューバ制憲議会の権限は、招集の布告のとおりキューバ憲法の採択、アメリカ・キューバ関係に関する意見の表明、政府職員選出の準備、そしてキューバへの主権の移管のみであって、領土の一体性という主権そのものを制限するような権限を与えられていなかったと論じているのである。グアンタナモの貸借は、形式的にはキューバ憲法の一部(付則)であるプラット修正条項に直接の根拠を有するのではなく、アメリカとキューバ間の国際条約にその根拠がある。しかしながら、プラット修正条項そのものがキューバ憲法上許されない内容であり、無効であるのだから、その無効なプラット修正条項を憲法上の拠り所として締結された一九〇三年のグアンタナモ貸借条約は憲法違反であり、無効である、という理屈である。通常、一つの法律を構成する各条項は整合的であり互いに矛盾しないものと整理されるが、キューバ政府は、憲法の中に相互に矛盾する複数の規定がある場合は、より重要な規定(第三条)が別の部分(プラット修正条項つまり憲法の付則)に優先し、当該別の部分は無効である、と解釈しているようである。

また、プラット修正条項を受け入れるか否かは、「アメリカ・キューバ関係を検討する」という制憲議会の権限に含まれるのではないかとも思われるが、キューバ政府は、含まれていないという立場をとる。

なお、その後のキューバ憲法も領土の一体性を唱っており、外国への土地の貸借は一切認められないという立場であり、しかもこの原則は遡及的に適用されると解されている。二〇一九年に改訂されたキューバの新憲法にも、旧憲法と全く同じ文言が含まれている[3]。

（イ）キューバ政府は「グアンタナモ貸借条約はキューバ憲法に違反して締結されたから無効である」としているが、この主張にかかわるウィーン条約法条約上の規定には触れていない。同条約は第二十七条[4]において、国際法が国内法に優先するという大前提を定める一方で、その例外として第四十六条[5]を置き、国内法特に憲法秩序に違反して締結された条約の有効性について規定しているところ、キューバの主張の有効性を判断する上で参考になろう。

同規定の文言上もまた、ウィーン条約法条約の原案作成にあたった国際法委員会のコメンタールからも明らかな通り、国際法の定める手続きに従って締結された条約の有効性が否定されるのはあくまで例外的な場合に限られるのである。キューバ政府の主張とウィーン条約法条約との整合性を保つためには、グアンタナモ貸借条約がウィーン条約法条約第四十六条で認められる例外的なケースであると説明しなければならない。具体的には、①貸借条約締結時に有効であったキューバ憲法既定のいかなる条項に「違反」するのか。例えば土地の貸与が憲法上の領土保全原則に違反すると言えるのか、一九〇一年憲法の付則であるプラット条項により貸借条約は憲法に合致していたと言えるのではないか、キューバ革命の後、キューバ国内にあった旧ソ連の軍事基地を、領土保全原則や（前章で紹介した）国連の外国における軍事基地の廃止決議との関連でどう整理するのか等についての説明、②貸借条約のキューバ憲法秩序違反が「明白」であったことの説明、とくにアメリカを含むいずれの国にとっても「客観的に明らか」であったかについての説明、である。

これらについてキューバ政府の詳細な説明がない限り、キューバの主張がウィーン条約法条約に照らして正当であるか否かを判断するのは困難であろう。

（ウ）なお、国際法と国内法の優劣関係に関して、キューバ政府は一九七〇年の政府見解「犯罪と挑発のヤンキー海軍基地」において、次の通り述べている。

（ⅰ）「貸借条約においてアメリカはグアンタナモに対するキューバの〝究極的な主権〟を認めている。キューバは（グアンタナモに対する）政治的な主権と所有権を有するのであり、アメリカにはグアンタナモの使用を認めたに過ぎない。よって、貸借条約は貸手即ちキューバの国内法によって律せられることは否定のしようがない」

（ⅱ）「国際条約が批准されて国内の法規となった後は、国内司法規則の一部を成すことになり、国内法に従うものとして解釈される」

この前提に基づいて、一九七〇年の政府見解では、キューバ民法を引用して、民法上無期限の貸借は認められないからグアンタナモ貸借条約は無効である、目的外使用の場合に貸手は貸借の終了を求めることができるといった主張を展開している。国内法が国際法に優先するといわんばかりのかかる主張は、ウィーン条約法条約の原則である第二十七条と相容れるものではないが、現在でもキューバ政府は、他の諸々の案件について交渉するなかで、国際法と国内法の関係について、しばしばキューバ国内法が優先すると主張して我々を驚かせることがある。

（エ）上記（1）（エ）のキューバの主張については、一九三四年条約は新たな協定であるので、一九〇三年条約の無効性がそのまま一九三四年条約に引き継がれるという理屈は理解に苦しむところである。一九三四年に条約改正交渉をした際、キューバ政府は一九〇三年貸借条約と補足条約が有効であると認識していたからこそ、両条約中の「グアンタナモ海軍基地にかかわる合意の諸規定は……有効である」と新条約(一九三四年条約)に記したのである。

2　強制及び詐欺(La coacción y el fraude)

(1)キューバの見解

(ア)キューバ外務省資料は次の通り述べる:「プラット修正条項が提示された後、アメリカはキューバに対して数々の脅迫を行った。ピノス島の領有権を未確定のままとし、ウッド軍政総督は制憲議会に対して、プラット修正条項を受け入れなければアメリカ軍隊はキューバから撤退しないと警告を行った」

(イ)ミランダはさらに次のように議論を展開している:「国際法の神聖な原則である〝合意は守られなければならない〟(Pacta sunt servanda)は、当事者が自由な意思に基づいて合意することが大前提となっている。強制による合意は条約の無効原因である。ここでいう強制につき、ウィーン条約法条約第五十二条[6]の定めはあるが、強制の定義を国際連合憲章のみに求めるのも、強制による無効という同条項が遡及効果を持たないのも不合理であり、受け入れられない。条約の無効原因となる強制には、政治的・経済的圧力による強制も含まれるべきである。条約法に関するウィーン会議においても、このような強制を非難している。一九六四年の非同盟諸国首脳会議でも、条約法に関するウィーン条約第五十二条にいう〝武力〟が、経済的・政治的圧力を含むものであると宣言された」

(ウ)カラバリョの論は次の通りである：「〝合意は守られなければならない〟という原則とは、(i)自由な意思に基づく合意であること、(ii)国際法の基本的な規則と原則、即ち民族自決権や国家間の対等な権利の原則に違反していないことを前提とする。しかしながら、(キューバ憲法の一部に編入された)プラット修正条項と(プラット修正条項を両国間条約のかたちで確認した)一九〇三年の両国関係条約は、アメリカによる押しつけによってできたものである」

(エ)ガルシアはさらに一歩進めて、「条約法に関するウィーン条約第五十二条そのものが、軍事的なものであれ政治的、経済的なものであれ圧力の下に締結された条約が無効であると規定している」と主張する。

(オ)ベルトー・トリアナはさらに、一九三四年条約が独立国キューバの自由な意思に基づいて締結されたのだから強制にあたらないとの議論に対して、「一九三四年までアメリカがプラット修正条項(を含むキューバ憲法と関係条約)に基づいてキューバの内政に介入し、経済的にもアメリカがキューバを支配していたのであって、キューバはいわば保護国のようであったという歴史的事実に対する無知を示すものである」として、厳しく批判している。

(2)解説

(ア)キューバ外務省は、グアンタナモ貸借条約締結時に、米軍がキューバに駐留していたこと自体が武力による威嚇という脅迫行為であり、その行為の結果キューバ憲法に付則として挿入されたプラット修正条項をもとに、グアンタナモ貸借条約が結ばれたのであるから、同条約は強制によるものである、したがってグアンタナモの貸借は当初より無効である、という議論を展開している。

(イ)キューバの主張は、アメリカによる軍事占領下の一九〇一年に独立の条件として押しつけられたプラット修正条項を出発点とする本件貸借が、条約法条約第五十二条によって無効となると主張しているようにも見える。しかしながら、キューバの解釈宣言にもかかわらずウィーン条約法条約はそもそも遡及適用されないのである(第四条)。ウィーン条約法条約は全体として、キューバの解釈宣言に言うような慣習国際法の体系化であったとは呼び得るだろうが、第五十二条は明らかにそうではない。以下の通り条約交渉において激しい議論があった末に、グアンタナモ貸借条約(一九〇三年、一九三四年)の後に成立した国際連合憲章(一九四五年)を引用することになったのである。

(ウ)ガルシアの主張について言えば、ウィーン条約法条約第52条に言う「武力による威嚇又は武力の行使」は、条文上も明白な通り、国連憲章第二条第四項でいう「武力による威嚇又は武力の行使」と同様のものであって、経済的或いは政治的な圧力は含まれていない。この点はウィーン条約法条約審議の際に、国際法秩序の安定を求める先進諸国と、それを快しとしない途上国の間で議論となり、結局、経済的或いは政治的な圧力というのは曖昧な概念で乱用の危険があるので、条約法条約自体は上記のとおり「武力」に限定することとなったが、同時に、法的拘束力を持たない別途の宣言の中で、条約締結にあたって軍事的・政治的・経済的圧力を用いることを非難するという合意に至った経緯がある。つまり、この点についての議論はウィーン条約法会議で決着済みなのである。しかしながら一部諸国の中には、その後も同様の主張がしぶとく生き残っていて、同じ議論が時々蒸し返されるのである。先に述べたキューバのウィーン条約法条約加盟に際しての解釈宣言にも、この気持ちが滲み出ているように見える。

（エ）グアンタナモ貸借の始まった二十世紀初頭には、政治的・経済的圧力はもとより、武力の威嚇によって国際約束が締結される事例は多くあり、かかる国際約束の締結が、当時の（即ち一九〇三年貸借条約締結時の）一般国際法の強行規範[7]に違反していたとは言えない。キューバ政府の主張を敢えて忖度すれば、「グアンタナモ貸借条約は今日の国際社会が強制と捉えるような暴力を使ってキューバ政府の同意を強制した条約であり、人民の意図に反し民族自決権に反する条約であって、新たに成立した一般国際法の強行規範に違反するとして、ウィーン条約法条約第64条[8]により貸借条約は終了すべきである」という主張なのかもしれない。

しかしながら、仮にそのように主張するにしても、民族自決権の定義もスコープも依然明確でなく、領域の一部を外国に貸与することが民族自決権違反か、そもそもあらゆる場合に民族自決権の遵守されることが一般国際法の強行規範であるかについて一致した見解はないのである。キューバは、言わば立法論あるいは政策論として「グアンタナモの貸借は強制されたものだ」という主張をしているのではないだろうか。

（オ）本項の表題にある「詐欺」（fraude）であるが、キューバ政府の資料からは、いかなる事象を以て詐欺と呼ぶのか不明である。

3　事情変更の原則[9]（La cláusula Rebus sic Stantibus、cambio fundamental de las circunstancias）

（1）キューバの見解

（ア）キューバ外務省資料は次の通り記している：「グアンタナモの事例は、条約締結の基礎をなしていた事情が変化したために、その条約が適用不可能で無効となるという、〝事情の根本的な変化〟に該当する。一九五九年月、キューバはアメリカに対して〝キューバ革命政府は、キューバ人民の重大な利害に従うと判断することを自ら決定する権能を得た。国家の主権と尊厳を少しでも損なうような指示や提案を決して認めないであろう〟と通告した。キューバはもはや新植民地ではなくなった。事情が変化したのである」、「一九三四年条約は有効性を失った。グアンタナモは〝両国間の友好の絆〟に対する返礼としての贈答品ではないからである。一九三四年条約はまた、プラット修正条項の結果であり、〝キューバの独立を維持するために〟生まれた一九〇三年の条約に言及しているがゆえに、有効性を持たない」

（イ）ミランダは次の通り主張する：「一九〇三年の三つの条約は、プラット修正条項によってキューバに押しつけられたものであった。一九三四年に至り、アメリカはその善隣外交政策に基づいて、グアンタナモに関する新たな条約をキューバと締結した。しかし、新条約が正式に有効なものであったとしても、一九五九年のキューバ革命後の現実は、善隣外交の当時とは異なる、アメリカのキューバに対する敵意と侵略という現実である」

「期限の定めのない条約には事情変更の原則が適用されるというのが普遍的な考えである。永遠の条約というのは合理性にも自然の法則にも反する」

「合意は守られなければならないという原則は、当事者の意思に反する義務の賦課を意味するものではない。合意は守られなければならないという原則と、事情変更の原則は同様の重みを持つ」

「一九五九年のキューバ革命により、キューバはそれまでのようなアメリカの新植民地でなくなった。革命以来キューバは、自ら政治的・社会的・経済的な進路を決められる国であり、もはや歩行器も後見も保護も必要としなくなった。事情が変更したことは疑いがない」

「さらに、一九六一年にはアメリカはキューバとの外交領事関係を断ち切り、キューバ国家とその人民に対して非友好的、侵略的で高圧的な扱いをしてきたのである。一九三四年条約の目的が両国間の友好の絆を強化することだったことに鑑みれば、アメリカが自ら事情を変更して一九三四年の条約を失効させたのである」

(ウ)カラバリョは、事情変更の事例として、グアンタナモ基地をベースとしたアメリカによる累次の挑発行為を挙げている。ベルトー・トリアナも類似の主張をしている。

（2）解説

（ア）事情変更の原則によるグアンタナモ返還要求は、貸借条約が強制されたとか、キューバ政府（制憲議会）に権限がなかった等の理由を以て、貸借が当初から「無効」であったとする主張と一点において大きく異なる。即ち、前者の議論はそもそも貸借条約が有効に成立しなかったのだから、条約は当初より無効であったとするのに対して、事情変更の原則を援用する場合には、貸借は当初、国際法上有効に成立していたが、その後の事情が根本的に変更したことが当該条約を終了させる原因になる、という主張である。条約無効論と事情変更による終了論とは、一九七〇年代のキューバ外務省公式資料に双方の記述が併記されているが、両者はこのように相互に矛盾する主張である。現在キューバ政府がいずれの立場をとっているかは判然としない（ミランダをはじめとするキューバの国際法学者達の議論も、同様の矛盾を孕んでいる）。

（イ）さて、事情変更の原則或いは事情の根本的な変化による条約の終了について、ウィーン条約法条約はいくつかの条件を列挙している。

事情変更の原則はウィーン条約法条約に明記されており、アメリカを含め多数の諸国が（同条約を引用し、あるいは引用せずに）この原則を条約終了の理由として援用してきた例は多いが、これを条約の終了原因と認めた国際法廷の判例は今のところ見当たらない。乱用を慎むべき、極めて例外的な原則とされているのである。

（ウ）キューバ政府の主張は上記（1）に紹介した通りであるが、ウィーン条約法条約第62条の規定に沿って、事情変更の原則を援用する際に求められる以下の各要件について、どのように説明するのか、キューバ政府の見解は必ずしも明確ではない。

(ⅰ)貸借条約締結時に存在していた事情とは何かに関する説明

(ⅱ)当該事情が条約に拘束されることに対するキューバの同意の不可欠の基礎を成していたことの説明

(ⅲ)当該事情がどのように根本的に変化したかの説明

(ⅳ)当該事情の変化をアメリカ・キューバとも予見しなかったことの説明

(ⅴ)当該事情の変化が、キューバが貸借条約により履行しなければならない義務の範囲を根本的に変更する効果を有することの説明

(エ)キューバ政府やキューバ人識者以外にも、事情変更の原則をグアンタナモ貸借条約の終了原因として援用できるとする学説がある。キューバ革命によってキューバ政府の形態が変わりアメリカとの関係も激変したのであるから事情は根本的に変化し、これを以て条約関係の終了原因として援用できる、グアンタナモ貸借条約は同盟条約のような政治的な条約であり、外国基地のための領域貸与は友好関係を基礎とするものである等がその理由として掲げられる。事情変更の原則が条約の終了原因として援用され得る事例として、スタンダードな国際法教科書(ブラウンリー)では「軍事・諜報情報の交換を含む軍事的・政治的同盟の当事国で、この同盟の原則と両立不可能な政府の変更があった場合」が掲げられている。

（オ）他方で、条約の一方当事者の政府形態が変更したことは事情変更の原則を適用できる理由の一つにはなり得ても、それだけで援用できないことにつき国際的な合意が存在する、キューバの主張は、「合意は守られなければならない」という、事情変更の原則以上に根本的な国際法の原則に反する、との意見もある。なお、キューバ革命後にキューバとアメリカの関係が悪化したのは事実であるが、ウィーン条約法条約第六十三条[10]にある通り、外交関係の断絶そのものが自動的に貸借条約の終了原因となるわけではない。

（カ）アメリカ政府の見解はどうか。アメリカ政府は、キューバ政府から仲裁裁判など司法的解決の提案を受けていないためであろうか、あり得べき返還要求の法的根拠に対してまとまった反論文書は公表しておらず、まして想定される論点についての見解は発表していない。筆者の知る限り、アメリカの公式文書で唯一グアンタナモ貸借の合法性について論じたのは、一九六二年二月にレオナード・ミーカー国務省副法律顧問発ラスク国務長官宛ての覚書（国務省の内部文書が後に情報公開されたもの）である。同覚書は「キューバがグアンタナモ貸借条約の廃棄を通告してきた場合のアメリカの権利と法的立場如何？」という想定問を立て、これに対して、アメリカはグアンタナモ海軍基地を維持する権利を持ち、キューバが廃棄を唱えても有効性はない、との結論を述べた三ページほどの短いものであり、したがって種々の論点について詳細に論じていない。唯一、仮にキューバが事情変更の原則による返還を要求した場合についてのみ、「この原則は国際法廷で援用されたことがなく、主要な国際法学者もこの原則は合意に基づく場合のみ、あるいは法廷の決定によってのみ適用される」と述べ、一方的な貸借条約終了の根拠としては薄弱であると結論付けている（なお、この覚え書きを作成したミーカー国務省副法律顧問は、一九六二年十月のキューバ・ミサイル危機時、アメリカの採るべき対応として海上封鎖が議論されていた際に、「海上封鎖（blockade）」という用語は、厳密な解釈によれば戦闘行為を宣言しているとも解されるおそれがあるので、これを「隔離（quarantine）」と呼ぶのが適切であると提案し、これが正式名称として採用されたというアネクドートを持つ知恵者である）。

（キ）さらに一九六二年十一月に、前述の国連スタヴロポウロス首席法律顧問が国連事務総長に宛てたグアンタナモ問題に関する所感で、「事情変更の原則は、不快な条約上の義務を果たさない手段として乱用されやすいとので、条約の実施が不可能になったとか、あるいは当該条約が一方当事者の存続または死活的に重要なその発展を脅かすといった、極めて狭い範囲に限定すべきであるというのが有力な見解である」として、同原則の適用には慎重な姿勢を示している。

4 目的外使用と条約違反（El falso arrendamiento）

（1）キューバの見解

（ア）キューバ外務省の立場は次の通りである：「借り手に利用権があるとはいっても、あくまで合意された目的のために使用する義務があることも強調されなければならない。この目的として、プラット修正条項には〝キューバの独立を維持しその人民を保護するため〟、一九三四年条約には

〝両国民間の友好の絆を強化せんと欲し〟と記されているが、アメリカはグアンタナモ基地を使って何をしてきたのだろうか。人民の保護ではなく人民に対する侮辱、蹂躙、恐喝、独裁であった。友好を目的とする基地の使用でなく侵略のための使用であった」

（イ）ミランダは、「グアンタナモ海軍基地の使用は当初から合意された用途ではなかった。独立のためでなく従属のために、あるいは政治的支配や圧力のために使われてきたのである。一九五七年～五八年には革命軍攻撃の拠点として使われた。さらにその後はハイチ、中国難民やキューバからの亡命者のキャンプとして使用されてきた」と述べている。

（ウ）カラバリョは次の通り述べる：「一九〇三年の貸借条約は（よって、この条約を引き継いだ一九三四年条約も）、グアンタナモ貸借領域の使用目的を〝石炭の補給と海軍基地のため〟に限定している。しかし現在数十名にのぼる被収容者を拷問し、司法上のグレーゾーンに置くための刑務所と化している」

（エ）ベルトー・トリアナは、テロ容疑者に対する拷問は国際法の強行規範違反であり、この事実が貸借条約の終了原因として援用可能であるとしている。

（2）解説

（ア）ウィーン条約法条約第六十条[11]は、当事国による重大な条約違反があった場合には、他方の当事国はこれを終了又は条約の全部若しくは一部の運用停止の根拠として援用できることを規定している。キューバは、同条項を念頭において、アメリカはグアンタナモにおいて貸借条約に書かれた目的以外のことを行ってきたが、これは重大な条約違反にあたるので貸借条約終了の根拠として援用できる、と言っているようにも聞こえるが、同条約を貸借条約終了の根拠として明示的に国際的司法の場で援用していないので、条約法条約上の立論に関するこれ以上詳細なキューバ政府の立場は明らかでない。

一九〇三年貸借条約に書かれている貸借の目的は、キューバの言う通りであり、しかも同条約第二条には、グアンタナモにおいてアメリカに与えられた諸権利は「石炭補給及び海軍基地としての使用のためであって、その他のいかなる目的もない」("for use as coaling or naval stations only, and for no other purpose")と限定がついている。加えて、同年の補足条約はその第三条において、租借地において商業、工業その他の企業活動が認められないことを明示的に定めている。

(イ)それでは、アメリカが実際にグアンタナモで何を行ってきたか、振り返ってみよう。

まず石炭補給であるが、アメリカは当初の目的通り、グアンタナモ湾内に石炭補給基地を設置した。しかしその後、船舶の燃料として石油が石炭に取って代わるようになり、早くも一九一三年には海軍長官の命によりその後の新造艦はすべて石油燃料艦とすることが決定された。グアンタナモにも石油補給基地が併設され、一九三八年(一九三四年改訂条約のわずか四年後)には石炭補給基地は閉鎖された。一九三四年の新貸借条約は一九〇三年条約の諸条項を時代に合わせて改訂するチャンスであったはずであり、すでに主たる燃料補給の対象は石炭から石油に移っていたのだが、それにもかかわらずグアンタナモの使用目的については一九〇三年条約の文言をそのまま維持し、燃料については依然として時代遅れの「石炭」に限定した文言のままとしたのである。もっとも、一九五九年のキューバ革命以前にはキューバ側からアメリカに対してグアンタナモの目的外使用とか条約違反という声はあがらなかった模様であり、双方において、貸借条約の文言と実態の乖離について問題視され議論されたわけではないようである。

海軍基地なのだから当然船舶の燃料補給はその機能の一つとして含まれるのだろうが、問題はむしろ、その海軍基地(naval station)という使用目的が、現実の使用実態と合致しているか、合致していないとして、それが条約法条約にいう「重大な違反」に当たるか、という点であろう。

グアンタナモ海軍基地内の教会

狭義の米軍の活動として、およそ次の活動が行われている。海軍の活動では、燃料補給、船舶修繕(ドック)、無線基地、対潜水艦基地、航空機発着、訓練。これらの活動支援として、海水淡水化、発電、薬局、レクリエーション施設、教育施設(高校まで)、教会等。さらに海軍とは別に現在も海兵隊の拠点となっている他、二十世紀前半には陸軍も駐留していたことがある。

グアンタナモ海軍基地は、一九九〇年代以降、難民の収容所兼審査施設として活用されてきた。その経緯は第二章で紹介した通りであり、キューバがアメリカに抗議したこともあったが、アメリカ政府は、難民の収容と審査という活動について、海上で救出した者に一時的な庇護を与えるのは海軍基地の当然の機能であり、キューバの同意を求める必要のない活動であると整理している。

現在グアンタナモをめぐる最大の国際的関心となっているのは、二〇〇一年九月十一日の同時多発テロを契機とする、収容所としての利用であるが、言うまでもなく、貸借条約には記されていない使用目的である。

グアンタナモ海軍基地内で行われているその他の活動として、民間セクターが商業ベースで行っている活動がある。古くから、例えば送電事業(Central and South American Cable Co.)。最近ではマクドナルドやタコ・ベル、ケンタッキー・フライド・チキン、サブウェイから、共産圏で唯一のアイリッシュ・パブも基地内で営業している由である。海軍以外にも合同タスクフォースが民間警備会社(Alarm Tech Services)へのサービス発注を行う例もみられる。二十世紀当初には、アメリカ人の私人がアメリカ政府の許可を得てグアンタナモ基地内に商店を開いたのに対して基地周辺の同業他社からの抗議を受け、アメリカ政府が許可を取り消した事例もあったようだが、最近では、民間セクターの活動は広範囲にわたっている。アメリカ政府は、基地の運営に対する直接の支援や基地要員の福利厚生のため、基地司令官の監督の下に行われる活動は許容される、と解しているようである。

いずれにせよ、アメリカがもともとの条約を可能な限り広く解釈してグアンタナモ基地を使っていることは間違いない。アメリカのために論ずる訳ではないが、少なくとも貸借開始から一九五九年革命までは、グアンタナモにおけるアメリカの活動の広がりに対してキューバ側はこれを黙認していたのであり、また現在に至るも条約の重大な違反として正式な司法的解決手続きをしていない。キューバ側がアメリカの「重大な違反」を理由として条約終了の根拠として援用できるかどうかについて、詳細に議論され、或いは研究された成果物は、見つけることができなかった。

その他の「法的」見解

1 プラット修正条項(La enmienda Platt、violatoria de la Resolución Conjunta y del Tratado de París de 1898)

(1)キューバの見解

キューバ外務省資料は次の通り述べている:「アメリカがスペインとの戦争に訴えた根拠は一八九八年のアメリカ議会の共同決議であるが、そこには、〝キューバ島の平定を目的とする以外に、同島に対する主権、管轄権または支配権を行使する希望も意図もなく、キューバ島の平定が成されたときにその統治と支配を同島の人民に委ねることを宣言する〟と明記されている。しかるに、その後キューバの制憲議会に対してアメリカから強制されたプラット修正条項で〝アメリカがキューバの独立を維持しその人民を保護できるよう、また自らを防衛するため、キューバ政府はアメリカ大統領と合意する特定の場所において、石炭補給または海軍基地のために必要な土地をアメリカに売却または貸与する〃(第七項)とされているのは、アメリカが自らの言葉を無にするものである」

（2）解説

（ア）このキューバ外務省の説明に補足を試みると、次のような筋立てと思われる。

「アメリカにグアンタナモを貸与する直接の法的根拠は一九〇三年に署名された三つのアメリカ・キューバ間条約であるが、三条約を締結せざるを得なかったのは、いずれも一九〇一年にキューバ憲法の付則に挿入するようアメリカから押しつけられたプラット修正条項があったためである。そのプラット修正条項の強制は、米西戦争の結果アメリカがキューバを占領したために可能となったものである。さかのぼってなぜアメリカがスペインとの戦争に踏み切ったかと言えば、アメリカ連邦議会の共同決議に〃キューバの独立のためである〃と書いてあるではないか。アメリカがプラット修正条項をキューバに呑ませ、次いでキューバの独立を害するグアンタナモ租借に合意させたのは、アメリカがそもそも米西戦争開戦にあたって、共同決議によって自らに課した義務に違反するものである」

（イ）ここでは、キューバ外務省は国際法上の原則や規範には言及していない。共同決議はアメリカ内の決定事項であり、キューバに対する約束ではない。上記の理屈をもってグアンタナモ租借の無効原因とするために、禁反言の原則を援用している訳でもない。したがって、この主張は厳密な意味で国際法的に整理されたものと言うより、国際世論に対し、「アメリカは言ったこととやったことが違うではないか」として、アメリカの行動に道徳上の問題があると訴えることを主眼とする、政治的な議論と言えよう。

2　永久貸借の無効

(1)キューバの見解

(ア)キューバ外務省資料の記述は次の通りである：「貸借条約上グアンタナモに対する究極の主権はキューバにあるのであって、キューバはグアンタナモを租借したアメリカに対してその利用を認めたに過ぎない。貸借は、その当然の性質からして一時的なものである。しかしアメリカはこの貸借が一時的であることを無視しようと努めてきた。一九五三年に当時のグアンタナモ米海軍基地司令官であったM・E・マーフィーは内部資料の中でグアンタナモの貸借が永久であると記している。貸与したものの所有権者がそれをいつになっても取り返すことができず利用することができないなど、馬鹿げた話である」

(イ)ミランダは、次の通り述べている：「貸借は、一方の当事者が他方の当事者に対して、一定の期間、一定の対価を持ってあるものの使用を認める約束をすることであり、したがって次のことが前提となる。①貸借期間は永久であってはならない、②貸手は貸与したものを回復できる、③

貸借の終了が借り手の決定のみに依るのは不法である、④貸与したものは合意された用途のみに使用される、⑤一定の対価が支払われる」

（ウ）カラバリョは「一九〇三年の貸借条約には期限の定めがないが、貸借とは期限付きの契約のことであって、永遠に有効な条約は理性と自然法に反する」と論じている。

（2）解説

（ア）他の事例を振り返ると、他国領域の貸借を条約で規定する際に、必ずしも貸借の終了期日、満了期日についての記載があったわけではないが、これら条約がそのことを理由として当初から無効と判定された例は承知しない。例えば一九〇三年のアメリカ・パナマ間のパナマ運河条約は、アメリカがパナマ運河地域に管轄権を行使する等アメリカの大幅な権限を認める内容であるが、同条約には期限の定めがないどころか、グアンタナモ貸借に関する一九三四年条約のような貸借終了に関する規定さえ見当たらない。

（イ）また、以下のようにそもそも本件貸借条約が、キューバの主張するような「永久」の貸借と言えるのかにつき疑問を呈する意見もある。いずれにせよ、「グアンタナモは永久貸借だから貸借条約は無効である」というキューバの立場を仔細に論ずるには材料が乏しいと言わざるを得ない。

（i）条約上、貸借終了の条件は明記されており、永久の貸借とは想定されていない。

（ii）アメリカ政府はグアンタナモを永久に租借する意図を表明したことはなく、実際、返還の可能性を検討した事実もある。最初は前述のキューバ・ミサイル危機時にソ連ミサイル撤去の代償としてグアンタナモ返還が政府部内で検討された時である。また、対キューバ経済制裁法の一つであるいわゆるヘルムズ・バートン法にも、民主化したキューバとグアンタナモの将来について交渉することがアメリカの政策として明記されている(この点については後述する)。

3　名目的な借料

(1)キューバの見解

ミランダは、およそ貸借というものは一定の対価が支払われることが条件であるとしたうえで、グアンタナモについては「その使用料は象徴的で、馬鹿げた額であり、とうてい本来の租借に値する額とは言えない」と断じている。

(2)解説

(ア)一九〇三年当時の借料は年間二千ドルであったが、現在は年間四〇八五ドルの小切手が、毎年七月二日を期限としてアメリカからキューバ政府に届けられている(もっともキューバ側宛先名は the Treasurer General of the Republic of Cuba という、すでに存在しない官職名のままである)。これはわずか一カ月分のアパート賃料を払って一一七平方キロメートルの広大な土地を借りているのに匹敵するとして非難する報道も見られる。

（イ）グアンタナモの借料については、貸借開始当初から興味深い経緯があるので、事実関係を振り返ってみよう。

（ⅰ）一九〇三年の補足条約では、その第一条において借料は毎年二千ドルとされている。このとき貸借の対象となっていたのはグアンタナモとバイア・オンダで、二千ドルのうちいくらがグアンタナモ分でいくらがバイア・オンダ分かという内訳は書かれていないが、一九三四年に条約が改定されバイア・オンダが貸借の対象から正式に外れた際にも二千ドルという金額は維持されていた。計算するとグアンタナモの賃料は一ヘクタール当たり一六・六六セントとなる。当時のキューバの地価が一般に廉価で、殊にグアンタナモ周辺は人口希薄で地の利も悪かったことを考慮すると、地価よりも高いこの借料は安値どころか、実質的に意味のある相当の高額であったという説もある。

（ⅱ）実際の支払い額は、以下に述べる通り、その後種々の事情から改訂されてきた。

一九〇三年補足条約の借料は、「年にアメリカ金貨で二千ドル」（annual sum of two thousand dollars, in gold coin of the United States）（同条約第一条）とされているが、後に大恐慌のためアメリカでは金貨鋳造が中止され、一金貨ドル（U.S. gold dollar）は一・六九三一二五ドルに固定された。これを受けて一九三四年以降は、毎年三三八六・二五ドル（二千×一・六九三一二五）がアメリカ政府小切手にて支払われることになった。さらに一九七二年のニクソン・ショック時、金とドルの交換比率が一対一・八三八二五に変更されたことを踏まえ、一九七三年の借料は年間三六七六・五ドル（二千×一・八三八二五）に上昇した。金ドル交換比率は同年十月、さらに一対二・〇四二五〇となったので、これを受けて一九七四年以降の支払い額は四〇八五・〇〇ドル(二千×二・〇四二五〇)となり、現在もこれが維持されている。

(iii)借料は上記の通り変遷を経てきたのだが、これは全てアメリカ政府が一方的に行ってきた改訂であり、条約上は、一九三四年の改訂条約時にも同じ額と文言が維持された。アメリカキューバ両国政府間で借料について別途の合意が行われた訳でもない。前述の通り、一九三四年条約改定交渉の当時はすでにアメリカで金貨鋳造が中止されていたので、本来であれば借料も変更すべきであったのだが、実際には改訂されなかった。単なるミスなのか、あるいは他の論点(例えば租借の目的を石炭補給に換えていかなる表現で拡大ないし縮小するか等)にも議論が及ぶことを避ける等の意図があったのか等、その理由は明かでない。

(iv)貸借開始から百年以上経て、名目上の借料が約二倍になったとはいえ、そもそも条約上借料改定条項もなく、キューバからの増額要求もないなかで、アメリカが自らの判断で増額してきたものである。この増額は金と米ドルの交換比率こそ反映されているものの、米ドルそのものの為替レート低下やグアンタナモ地域の地価上昇は反映されていない。その結果、この借料がかつての実質的な額から名目的または象徴的な額に、その性格を変えたものと言える。

(ウ)キューバ政府は、借料が相対的に低下したことをもって条約終了の原因とするという主張はしていない。実際、貸借条約には借料改定の規定はないし、そもそもキューバは以下のように一九六〇年以降アメリカの小切手を現金化しておらず、まして値上げも要請していない。不動産貸借の際に支払われるべき金額についての国際的な決まりもないし、実質的な借料から名目的な額になったこと自体をとらえて条約違反とすることは困難である。しかし、「マンションの賃料一カ月分」というのは、世界の庶民層に対する訴えかける政治的宣伝のうたい文句としては実に効果的である。

キューバの現体制は、グアンタナモの貸借自体が国際法違反であり無効である（または終了されるべきである）との立場である。したがって、小切手を現金化して国庫に入れてしまえばその合法性を認めたことになってしまい、禁反言の原則によって貸借の違法性を訴えることは困難となる。一九五九年には革命政府は〝誤って〟小切手を国庫に納入してしまったが、一九六〇年以降はこの小切手を放ったままにしている由である。キューバ側は興味深いことにこれら小切手をアメリカに突き返していないのだが、国内法上は現金化しなければ支払いが行われたとは見做されない、という理屈で支払いを受けていないことにしている。そもそもアメリカ政府名の小切手は有効期限が一年なので、ほとんど全ての小切手はすでに無価値ではあるが。一説によれば、これまでにアメリカから届けられた全ての小切手は故フィデル・カストロ元国家評議会議長の机のなかにしまってあり、いずれグアンタナモがキューバに返還された際に、これらを展示するのだという。

司法的解決の見通し

キューバ政府がグアンタナモの賃借（キューバにとっては占拠）を国際法違反であるとするならば、究極的には国際的な司法的解決も視野に入れているはずである。それでは、国際的な司法的解決を求めるには、どのような展開が想定され得るのであろうか。以下、いくつかの可能性を検討してみよう。

1　ウィーン条約法条約に準拠した手続き

もしアメリカがウィーン条約法条約に加盟しており、さらにキューバが同条約の手続きに従って一九三四年のグアンタナモ貸借条約の有効性を否認し、あるいは事情変更の原則により同条約を終了せんと試みると仮定で考えてみると、キューバはまずアメリカにこれを通告する必要がある。この場合アメリカから異議の申し立てがあれば国連憲章第三十三条[12]の手続きに従って解決を求める必要がある。

同条は紛争の平和的解決追求の義務として、交渉、審査、仲介、調停、仲裁裁判、司法的解決、地域的機関または地域的取極の利用等の手段による解決を求めるべきことを規定している。しかしアメリカはキューバによるグアンタナモ返還交渉に応じておらず、他の手段も事実上閉ざされているので、キューバが上記に記したうちの司法的解決を求めることも理論的には可能である。下記のとおりウィーン条約法条約[13]にはその手続きが示されている。もちろん現下の状況では、仲裁裁判を求めるにせよ国際司法裁判所に提訴するにせよ、アメリカの同意が必要となるので、裁判申し立てや提案をしても、アメリカがこれに応ずる事態は考えづらいところではある。それでも、司法的解決の提案をすれば、国際社会に対して自国の主張の正しさに自信があることを宣明する大きな政治的・広報的効果がある。アメリカがこのチャレンジを受けなければ、そのこと自体が国際場裡におけるアメリカの立場を弱くするという意味で、大きな政治的な圧力になるであろう。日本政府が、韓国に不法占拠されている竹島について、過去三度にわたって国際司法の場における解決を提案したのは、日本政府がその立場の正しさに十分な自信を持っているからであり、またそのことを世界に堂々と示すという政治的意味も大きいのである。

この点につき、前述の一九七〇年のキューバ外務省資料では「キューバがふさわしいと判断する時に、適切な国際機関に対して、この不法な占拠について訴えるであろう」としており、いずれかの段階で国際司法裁判所による解決を求める可能性を示唆している。

しかしながら、仮にキューバ政府が法的な理論武装を完了したとしても、ウィーン条約法条約の手続きにより、または仲裁裁判や国際司法裁判所といった国際的な司法的解決手続きにグアンタナモの問題を付託する可能性は、次の理由から、実際には乏しいと考えられる。

（1）キューバ政府は、現在の多国間の紛争解決メカニズム特に司法的な解決手続きに不信感を持っている、より直裁に言えば現在の国際法秩序に従って司法的解決を求めればキューバの主張が認められる可能性が低いと判断しているのかもしれない。ミランダは「国際司法裁判所は一般に途上国に対して偏見を持っている」としている。

(2)実際、ウィーン条約法条約の批准に当たり、キューバは先に紹介した解釈宣言に加え、留保[14]をも付している。その留保はまさに条約の無効、終了などに関する司法的手続きを定めた第六十六条[15]に対するものであり、自らの望まない司法的解決手続きは受け入れないとしているのである。

(3)アメリカもキューバも、国際司法裁判所の強制管轄権を現在受け入れていない(アメリカは一九八六年に国際司法裁判所の強制管轄権を終了する旨を宣言した)。よって国際司法裁判所の判決を得るという司法的解決も、現段階では望み薄であると言わざるを得ない。

2 国際司法裁判所の勧告的意見

第二の方法として、国際司法裁判所の勧告的意見を求める途が考えられる。厳密に言えば司法的解決ではないが、国連加盟国の多数の支持を獲得して、国連総会の決議によりグアンタナモ返還要求に対する国際司法裁判所の勧告的意見を求めるという手段である[16]。国連総会では、アメリカが反対しても賛成票が反対票を上回れば決議は成立するので、多数派工作ができれば実現可能な方途である。前述のベルトー・トリアナは、キューバのグアンタナモ返還を求める「国際司法裁判所の判決あるいは勧告的意見を要請することを可能とする十分な法的根拠がある」として、この可能性を示唆している。

実際、国際司法裁判所は設立以来二十七件の勧告的意見を与えてきたが、うち十五件は国連総会の要請によるものであった。かつて一九九四年に国連総会の決議により、核兵器による威嚇または使用が国際法上許されるかについて勧告的意見を求められた件は、日本でも大きく報道されたが、ナミビアや西サハラなど領土をめぐる問題についても国際司法裁判所は総会の求めに応じて勧告的意見を発出してきた実績がある。

最近、グアンタナモと同じく米軍基地の関係する案件をめぐって、国連総会の要請を受けて国際司法裁判所の勧告的意見が発表された。今後グアンタナモのステータスに関する議論にも影響を与え得る案件なので、以下で解説したい。

インド洋の真ん中に浮かぶディエゴ・ガルシア島には米軍が基地を構え、欧州、中東、アフリカ及びインド太平洋での作戦に欠かせない軍事的要衝となっている。かつてアフガニスタやイラクへの出撃拠点として利用されたことは記憶に新しい。実は、この島はアメリカの主権下にあるのではなく、英国領チャゴス諸島の一部をなし、英国がアメリカと共同で基地を設置し運用しているという特殊なステータスである。ディエゴ・ガルシア島を含むチャゴス諸島は、もともと英国領モーリシャス(一九六八年独立)の一部であった。アメリカからこの地に基地用地を貸与してもらいたいという要請を受けた英国は、モーリシャス独立に先立つ一九六五年に、当時のモーリシャス住民代表達と交渉した結果、三百万ポンドを払ってチャゴス諸島を英国領モーリシャスから切り離し、英国領インド洋地域という別の植民地に統合した。モーリシャス独立後も同諸島は英国の主権下にある。

しかしその後モーリシャスは、チャゴス諸島の分離が住民の自由な意思に基づくものではなく不当であったと主張し、国連の場で歴年にわたって粘り強く訴え続け、モーリシャスに好意的な決議を勝ち取ってきた。二〇一七年にはモーリシャスの国連工作が奏功して、ついに国連総会の賛成多数により国際司法裁判所に勧告的意見を求める決議が採択された。同裁判所は二〇一九年二月、「英国には、チャゴス諸島の統治を可能な限り迅速に終結させ、モーリシャスに自国領の非植民地化を完了させる義務がある」という勧告的意見を公表したのである。さらにこれを受けて五月、国連総会は同諸島を六カ月以内にモーリシャスに返還すべしとする決議を採択し、モーリシャスの主張は一層の勢いを得ている。

英国政府は、現在のところこの勧告的意見に従うつもりはないとしているが、英国に対する国際的圧力がこれまでに無く高まっていることは間違いない。

この件とグアンタナモの関連について言えば、まずキューバはかねてからモーリシャスのチャゴス諸島返還要求を支持しており、前述の二つの国連総会決議に賛成票を投じた他、国際司法裁判所に対してモーリシャスの主張を全面的に認めるべきであるという意見書を提出している。

また、今回の勧告的意見のなかで注目を引くのは、英国が一九六五年にモーリシャス住民の代表達と合意のうえでチャゴス諸島を切り離したと主張したのに対して、裁判所はこれが「当該住民の自由で真摯に表明された意思に基づく切り離しではなかった」としてモーリシャスの非植民地化即ち独立のプロセスが合法的に行われなかったと判断したことである。グアンタナモとチャゴス諸島は、事情も時期も異なるので単純な比較は難しいが、民族自決権と非植民地化というコンテクストで、国際司法裁判所が住民の意思が表明された時の状況（植民地下において真に自由な意思表明ができる状況であったか）を重視していることは、キューバ政府が今後グアンタナモ返還に向けて理論武装を進めるうえで参考になるであろう。

そして、仮に英国がモーリシャスにチャゴス諸島を返還すれば、キューバのグアンタナモ返還要求に有利な国際的環境が醸成されよう。

キューバがこのようなチャゴス島問題の進展に意を強くして外交攻勢を強め、国連総会の決議を獲得し、さらに国際司法裁判所がキューバに有利な勧告的意見を発出することになれば、拘束力を持つ国際司法裁判所の「判決」ではないにせよ、国際場裡における大きな政治的勝利となり、アメリカに対する政治的プレッシャーとなることは間違いない。

とはいえ、この方途は「言うは易し、行うは難し」であることをキューバも十分承知しているはずである。第一に、一般的に国連加盟国の多くがこのような純粋に二国間の問題について国際司法裁判所の勧告を求めることに積極的とは考えられないためである。モーリシャスの場合は、総会で五十三票という数を誇るアフリカ連合の終始一貫した支持があり、国際司法裁判所の勧告的意見を求めるのに先だって、長年にわたる支持と好意的な国連総会決議の積み重ねがあったという事情がある。第二に、後述のとおりキューバ自身が司法的解決の準備を終えていないように見られ、したがって現段階では、この途を追及するとは考えにくいためである。

3　キューバの事情

いずれにせよ、本章の冒頭で述べたように、キューバ政府はこれまでアメリカに対して貸借条約の終了を通告するといった二国間の措置もとらず、あるいは仲裁裁判を提案し、または国際司法裁判所への提訴を試みる等の多国間メカニズムを活用した公式な法的措置に訴えてもいない。国際的な司法的解決の途に入り込むことを敢えて避けているようにさえ見える。諸説をもとに推測すれば、次のような考慮をしているためではないだろうか。

(1)キューバ政府として、その法的側面からの返還要求をどのような法律論に整理するか、未だ慎重に検討中であるように見える。実際、キューバの主張には、すでに見たとおり、貸借条約が当初から無効だとする一方で、(事情変更原則の主張など)条約が少なくとも当初は有効であったことを認めたうえでその終了を求める立論をしているという矛盾がある。一九七〇年にキューバ政府の立場を明らかにして以来、法的見解をまとめた文書が公表されていないという事実も、そのことを裏付けているのではなかろうか。

別の言い方をすれば、仮に国際司法裁判所や仲裁裁判での審理となった際に、キューバのグアンタナモ返還要求が国際法上理由のあるものとして認められるか、現段階では一〇〇パーセントの自信が持てないのかもしれない。百年以上の長期にわたって一度たりとも国際場裡における司法的解決のための手続きをとってこなかったことも、裁判の行方に暗雲を投げかけているのではなかろうか。キューバの展開するであろう議論のなかで最も説得力がありそうに見える事情変更の原則にしても、国際法関係者のなかで、キューバ革命やその後の米キューバ関係の変化がグアンタナモ貸借終了原因として十分根拠のある議論だと納得させるのは相当困難とみているのではないか。前述のとおりキューバ政府はウィーン条約の想定する条約上の紛争解決の手続きを拒否しているが、ミランダのいうとおり「国際司法裁判所は一般に途上国に対して偏見を持っている」と考えているならばなおさらである。

(2)万一、国際的司法手続きの結果、キューバの要求が満たされないような判決や判定がなされた場合には、米海軍の駐留は国際的なお墨付きを得たこととなり、キューバ内政上大変な激震が走ることになるのは間違いない。よって国際的司法手続きを通じた解決に乗り出すには、慎重のうえにも慎重にならざるを得ないのだろう。

キューバにとっては、国際法の法理を駆使してアメリカをねじ伏せ或いは国際的司法解決により勝訴を勝ち取るという困難な道を歩むよりも、国際政治面で、世界の圧倒的多数を占める途上国、非同盟諸国そして国際世論のシンパシーを勝ち取り、対米圧力をかけ続けるのが、将来の返還実現のためにより効果的であると判断しているのではなかろうか。

註

(1) ウィーン条約法条約第四条
この条約は、自国についてこの条約の効力が生じている国によりその効力発生の後に締結される条約についてのみ適用する。ただし、この条約に規定されている規則のうちこの条約との関係を離れ国際法に基づき条約を規律するような規則のいかなる条約についての適用も妨げるものではない。

(2) 一九九八年にキューバがウィーン条約法条約に加盟した際の解釈宣言
キューバ共和国政府は、条約法に関するウィーン条約は本質的に、交渉、署名、批准、発効、終了及びその他の国際条約関連の規定について、慣習及びその他の国際法の法源によって確立された規範を法典化し体系化したものであることを宣言する。したがって、特に条約の適用に関し、無効、終了及び停止に関連する規定は、普遍的に認められた国際法の法源によって確立された故に強制的な性質を持つため、本条約に先立ってキューバ共和国によって交渉されたあらゆる条約、本質的に不平等な条件下で交渉され、またはキューバ共和国の主権と領土保全を軽視し減ずるところの条約、協約及び譲歩に適用される。

(3) 二〇一九年キューバ憲法第十二条
キューバ共和国は、不平等な条件下で取り決められ、あるいはキューバの主権と領土の保全を否定しまたは減ずる条約、協定及び譲許を拒否し、不法で無効なものと見做す。

(4) ウィーン条約法条約第二十七条
当事国は、条約の不履行を正当化する根拠として自国の国内法を援用することができない。この規則は、第四十六条の規定の適用を妨げるものではない。

(5) ウィーン条約法条約第四十六条
1 いずれの国も、条約に拘束されることについての同意が条約を締結する権能に関する国内法の規定に違反して表明されたという事実を、当該同意を無効にする根拠として援用することができない。ただし、違反が明白でありかつ基本的な重要性を有する国内法の規則に係るものである場合は、この限りでない。
2　違反は、条約の締結に関し通常の慣行に従いかつ誠実に行動するいずれの国にとつても客観的に明らかであるような場合には、明白であるとされる。
（6）　ウィーン条約法条約第五十二条
国際連合憲章に規定する国際法の諸原則に違反する武力による威嚇又は武力の行使の結果締約された条約は、無効である。
（7）　ウィーン条約法条約第五十三条
締約の時に一般国際法の強行規範に抵触する条約は、無効である。この条約の適用上、一般国際法の強行規範とは、いかなる逸脱も許されない規範として、また、後に成立する同一の性質を有する一般国際法の規範によってのみ変更することのできる規範として、国により構成されている国際社会全体が受け入れ、かつ、認める規範をいう。
（8）　ウィーン条約法条約第六十四条
一般国際法の新たな強行規範が成立した場合には、当該強行規範に抵触する既存の条約は、効力を失い、失効する。
（9）　ウィーン条約法条約第六十二条
1　条約の締結の時に存在していた事情につき生じた根本的な変化が当事国の予見しなかつたものである場合には、次の条件が満たされない限り、当該変化を条約の終了又は条約からの脱退の根拠として援用することができない。
(a)当該事情の存在が条約に拘束されることについての当事国の同意の不可欠の基礎を成していたこと。
(b)当該変化が、条約に基づき引き続き履行しなければならない義務の範囲を根本的に変更する効果を有するものであること。
2　事情の根本的な変化は、次の場合には、条約の終了又は条約からの脱退の根拠として援用することができない。
(a)条約が境界を確定している場合
(b)事情の根本的な変化が、これを援用する当事国による条約に基づく義務についての違反又は他の当事国に対し負っている他の国際的な義務についての違反の結果生じたものである場合
3　当事国は、1及び2の規定に基づき事情の根本的な変化を条約の終了又は条約からの脱退の根拠として援用することができる場合には、当該変化を条約の運用停止の根拠としても援用することができる。
（10）　ウィーン条約法条約第六十三条
条約の当事国の間の外交関係又は領事関係の断絶は、当事国の間に当該条約に基づき確立されている法的関係に影響を及

ぼすものではない。ただし、外交関係又は領事関係の存在が当該条約の適用に不可欠である場合は、この限りでない。

(11) ウィーン条約法条約第六十条

1 二国間の条約につきその一方の当事国による重大な違反があった場合には、他方の当事国は、当該違反を条約の終了又は条約の全部若しくは一部の運用停止の根拠として援用することができる。

2 多数国間の条約につきその一の当事国による重大な違反があった場合には、

(a)他の当事国は、一致して合意することにより、次の関係において、条約の全部若しくは一部の運用を停止し又は条約を終了させることができる。

(i)他の当事国と違反を行った国との間の関係

(ii)すべての当事国の間の関係

(b)違反により特に影響を受けた当事国は、自国と当該違反を行った国との間の関係において、当該違反を条約の全部又は一部の運用停止の根拠として援用することができる。

(c)条約の性質上、一の当事国による重大な違反が条約に基づく義務の履行の継続についてのすべての当事国の立場を根本的に変更するものであるときは、当該違反を行った国以外の当事国は、当該違反を自国につき条約の全部又は一部の運用を停止する根拠として援用することができる。

3 この条の規定の適用上、重大な条約違反とは、次のものをいう。

(a)条約の否定であってこの条約により認められないもの

(b)条約の趣旨及び目的の実現に不可欠な規定についての違反

4 1から3までの規定は、条約違反があった場合に適用される当該条約の規定に影響を及ぼすものではない。

5 1から3までの規定は、人道的性格を有する条約に定める身体の保護に関する規定、特にこのような条約により保護される者に対する報復(形式のいかんを問わない)を禁止する規定については、適用しない。

(12) 国際連合憲章第三十三条:【平和的解決追究の義務】

1 いかなる紛争でもその継続が国際の平和及び安全の維持を危うくする虞のあるものについては、その当事者は、まず第一に、交渉、審査、仲介、調停、仲裁裁判、司法的解決、地域的機関又は地域的取極の利用その他当事者が選ぶ平和的手段による解決を求めなければならない。

2 安全保障理事会は、必要と認めるときは、当事者に対して、その紛争を前期の手段によって解決するように要請する。

(13) ウィーン条約法条約第六十五条
1 条約の当事国は、この条約に基づき、条約に拘束されることについての自国の同意の瑕疵を援用する場合又は条約の有効性の否認、条約の終了、条約からの脱退若しくは条約の運用停止の根拠を援用する場合には、自国の主張を他の当事国に通告しなければならない。通告においては、条約についてとろうとする措置及びその理由を示す。
2 一定の期間(特に緊急を要する場合を除くほか、通告の受領の後三箇月を下る期間であつてはならない)の満了の時までに他のいずれの当事国も異議を申し立てなかった場合には、通告を行つた当事国は、とろうとする措置を第六十七条に定めるところにより実施に移すことができる。
3 他のいずれかの当事国が異議を申し立てた場合には、通告を行つた当事国及び当該他のいずれかの当事国は、国際連合憲章第三十三条に定める手段により解決を求める。
4 1から3までの規定は、紛争の解決に関し当事国のあいだにおいて効力を有するいかなる条項に基づく当事国の権利または義務にも影響を及ぼすものではない。
5 第四十五条の規定が適用される場合を除くほか、1の通告を行つていないいずれの国も、他の当事国からの条約の履行の要求または条約についての違反の主張に対する回答として、1の通告を行うことを妨げられない。
(14) ウィーン条約法条約加盟時のキューバの留保
キューバ共和国政府は、いかなる紛争も紛争当事者間の合意によって選ばれた手段を通じて解決されるべきと考えているため、条約第六十六条の下に設けられた手続きについて明示的に留保する。したがってキューバ共和国は、紛争を司法的解決、仲裁および調停の手続きに委ねる手段を、一方の当事者に対して、他方の当事者の合意なく与える解決策を受け入れることはできない。
(15) ウィーン条約法条約第六十六条
前条三の規定が適用された場合において、異議が申し立てられた日の後十二箇月以内に何らの解決も得られなかつたときは、次の手続に従う。
(a)第五十三条又は第六十四条の規定の適用又は解釈に関する紛争の当事国のいずれも、国際司法裁判所に対し、その決定を求めるため書面の請求により紛争を付託することができる。ただし、紛争の当事者が紛争を仲裁に付することについて合意する場合は、この限りでない。
(b)この部の他の規定の適用又は解釈に関する紛争の当事者のいずれも、国際連合事務総長に対し要請を行うことにより、附属書に定める手続を開始させることができる。

（16）　国連憲章第九十六条

総会又は安全保障理事会は、いかなる法律問題についても勧告的意見を与えるように国際司法裁判所に要請することができる。

［コラム］グアンタナモ米海軍「基地」の名称：その変遷

「グアンタナモ米海軍基地」の正式名称は“Naval Station Guantanamo Bay”海軍の略称で“NAVSTA GTMO”である。しかし報道や論説では“Naval Station”でなく“Naval Base”と表記されることも多い。実は、アメリカ政府自身も時にその文書のなかで“Naval Base”と呼ぶこともあるのでややこしい。英語―日本語の辞書をひくと“base”も“station”も同様に「基地」とされていたり、“station”を「補給基地」と訳し分けているものもあるが、便宜上、本書ではいずれも「基地」と表記した。実際には、米海軍の実行上、種々のカテゴリーの拠点がどう呼ばれるかに関わらず、部外者にとっては似たような機能を果たしているので、アメリカ内でも、グアンタナモについて厳密に二つの用語が使い分けられていない。一方、キューバでは政府機関も報道も学者も含め、“Base Naval de Guantánamo”と呼ぶのが定着しており、英語の“station”に当たる“estación”は現在では使われていない。

この基地の呼称自体が、キューバの返還要求において取り沙汰されているわけではないが、貸借の根拠となる条約に使用されている用語との関係で気になったので調べて見ると、アメリカ内の事情により、長い経緯のあることがわかった。

まず、貸借開始の根拠となった一九〇三年の米・キューバ条約にはグアンタナモ貸借の目的として"coaling or naval stations"(英文)、"estaciones carboneras o navales"(西文)のための使用と記述されている。一九三四年条約でも同様の呼称("naval station"と"estación naval")が使われている。

アメリカはグアンタナモ海軍「基地」を、この条約と自らの用語の定義に従って"station"と呼んでいた。一九一一年の米海軍の海軍関係用語の定義によれば、"naval station"は海軍の管理の下に置かれる「建設、製造、ドック、修繕、供給または訓練」のための施設と定義されていた。これに対して"naval base"は、「海軍のオペレーションの拠点であり、補助艦船を含む艦隊の停泊地であり、内海に避難できる場所であって攻撃に対する要塞となっていることが望ましい」とされる。さらに"permanent naval base"というカテゴリーもあり、これは"naval base"の機能に加えてドック機能と修繕機能も持つという、言わば"base"と"station"を一緒にしたようなものと定義されていた。さらに複雑なことに、一九二〇年には、新たに"naval operating base"というカテゴリーが新設されたが、これは「防御された停泊地であり、外海に即時展開可能な位置にあり、高いロジスティック支援能力」を持つ、言わば"base"と"station"の中間に位置するような位置付けであった。

さて、グアンタナモであるが、一九四一年、欧州の戦争が続きアメリカの参戦がますます求められるなかで、グアンタナモに海兵隊基地を併存する等して施設の機能を拡張するとともに、グアンタナモの「基地」を、この新たなカテゴリーである“naval operating base”と呼称するようになり、一九四二年までに五つの機能を併せ持つこととなった。即ち、naval station、naval air station、naval net depot、海兵隊基地、防空訓練センターである。

よって、言葉の厳密な意味に従えば、一九三四年条約においてアメリカ、キューバ両国はグアンタナモの用途を改めて“naval station”という用語によって確認した後、早くもアメリカ側が一方的に、「名実ともに」グアンタナモの機能を拡張してきたのであった。もっとも、当時の極めて緊密な両国関係もあって、また第二次世界大戦という特殊な事情もあってか、キューバはアメリカに対して異議を唱えた様子はない。

さらに朝鮮戦争中の一九五二年に、アメリカはグアンタナモを“Naval Base Guantanamo Bay”に格上げし、かつての“naval station”としての機能は“base”の持つ七つの機能のうちの一つに含まれることとなった。

二〇〇三年に米海軍が組織改編を行った際、グアンタナモは言わば格下げされて、改めて“naval station”と呼ばれることになった。ところが、今度はその“naval station”に、海軍の本来の活動とはまったく異なる新たな機能が加わる。言わば「家主」として、海軍とは異なるアメリカ政府の機関が活動するために建物や電気などを提供する機能である。

第五章　グアンタナモ収容所

「(グアンタナモには)悪党どもをもっと送り込んだらよい」ドナルド・トランプ米大統領候補(二〇〇六年一月)

グアンタナモは今や、海軍基地というより、テロ容疑者収容所(detention facilities)として世界に知られている。アメリカが二〇〇一年の9・11同時多発テロ事件後に捕らえた戦闘員達をテロ容疑者としてグアンタナモ海軍基地に収容している件である。オレンジ色の囚人服、手錠と鎖でつながれたテロ容疑者達の姿は、多くの人が目にしたであろう。そして彼らに対する水責め(溺死寸前まで容疑者の鼻と口に水をかける)、睡眠妨害(一八〇時間も寝かせない)、棺桶への閉じ込め、周囲との接触禁止など、尋問という名の拷問が行われていると、世界中で大きく報道されたことは記憶に新しい。

グアンタナモにおけるテロ容疑者収容の問題は、アメリカとキューバのグアンタナモ返還問題に直接関係することではないが、世界の関心の高い問題であるので本書でも触れない訳にはいかない。

グアンタナモ収容所は、アメリカ内政、アメリカ法システム、国際人道法、国際人権法、国際政治、安全保障といった種々の観点からの問題があり、深入りすればそれだけで優に単行本数冊分の解説を要する問題である。ここでは、ごく簡単にこの問題の経緯のみを解説するに留めたく、より深いご関心をお持ちの方は、巻末の引用・参考文献一覧を糸口として、すでに多数公開されている調査・研究をご覧いただきたい。

なぜグアンタナモが選ばれたのか

1　二〇〇一年九月十一日、アメリカにおける同時多発テロという前代未聞の事件が発生した。同年十月七日にアフガニスタンのタリバン及びアルカイダ勢力への攻撃開始を以て、いわゆる対テロ戦争(War on Terror)が始まり、主としてアフガニスタンで多数のアルカイダやタリバンの戦闘員が拘束された。当初これらの被拘束者は、アフガニスタン国内カンダハルの軍事拠点に収容されていたが、数がおびただしく増加し、同地が戦場であるために安全上の問題が生じ、より相応しい収容場所を探すこととなった。アメリカ本土、グアムやグアンタナモを始めとする海外の米軍基地、アフガニスタン国内、テロ容疑者の出身国などが収容施設候補地として検討の対象となった。

2　アメリカ政府内では、各候補地についてメリットとデメリットの検討が行われたが、それぞれ以下に掲げるような問題があったとされる。

（1）アメリカ本土
（ア）テロリストを自国内に留め置くことへの懸念があった。
（イ）被収容者による人身保護令状の請求等の訴訟リスクが危惧された。
（ウ）メディアの取材攻勢やその結果として種々の米政府批判が予想された。
（2）外国にある米軍基地
たとえ同盟国内にある基地でも、テロリストに対して行うであろう厳しい尋問に対して、当該同盟国の反発が予想された。
（3）グアムのような海外領土
（ア）米連邦裁判所の管轄権が及ぶため上記（1）（イ）と同様の問題があった。
（イ）上記（1）（ウ）と同様の問題があった。
（ウ）グアム駐在の太平洋軍司令部（Pacific Command、PACOM）は、被収容者の受け入れを打診されたのに対して、グアムは（おそらく南シナ海や北朝鮮情勢をにらんで）紛争が発生し得る地域に近接しているとの理由で受け入れを断った。
（4）アフガニスタン或いは容疑者の出身国（主として中東諸国）
（ア）アメリカ本土から遠過ぎた。
（イ）治安情勢が不安定で、安全上の問題が懸念された。

3　グアンタナモに白羽の矢が立てられた理由（米行政府の目論見）

（1）9・11事件を受けたテロ容疑者の扱いについての基本認識は、後述する二〇〇一年十一月の大統領の軍事命令（Military Order）に記されているとおり、要するにアメリカの刑事制度は被疑者の人権に大いに配慮して作られているので、その制度にのっとった通常の手続きは捜査や裁判の妨げになりかねない、というのが出発点となっている。グアンタナモはキューバの主権下にあるので、被収容者は、アメリカの法制度上の権利を享受しない。被収容者の尋問や裁判を行う側にとって好都合で、訴訟リスクがないだろうという利点である。しかしながら、このアメリカ行政府の目論見は、後に数々のアメリカ連邦裁判所の判決によりチャレンジされることになる。

（2）アメリカが「完全な管轄権と支配権を有する」ので、キューバ政府からも他国からも一切の干渉を受けることがない。

（3）戦闘継続中の諸国から離れているので、安全確保の観点から優れている。

（4）アメリカ本土から適度に離れており、周囲から隔離された場所なので、アメリカの安全保障の観点から望ましい。同時に、アメリカ本土から遠すぎないので（ワシントンDCから約三時間）、尋問等で必要な際に直ぐに駆けつけることができる。

（5）収容所として使用し得る一定のインフラがあり、かつてハイチ、キューバ難民を収容した経験もある。しかもグアンタナモの施設は米軍の管理下にあって、警備が容易である。

（6）アメリカ本土内に位置せず、軍の基地内なので、メディアや内外の反対派等によるアクセスを制限することができる。

もちろんグアンタナモの抱える次のようなデメリットも検討されなかった訳ではない。

(1)対キューバ関係の悪化

グアンタナモ米海軍基地の存在そのものがアメリカ・キューバ間の大きな問題となっている以上、収容所設置が両国関係に及ぼす悪影響やキューバ政府による、あり得べき妨害行為等も検討されたに違いない。しかし当時はエリアン少年事件[1]や貿易制裁改革及び輸出拡大法[2]の成立等のため、アメリカ・キューバは緊張関係にあって、政権内部からは、対キューバ関係に配慮してグアンタナモへの収容所設置には慎重たるべしといった強い意見が出されず、この点は重要な検討要素としては勘案されなかった。

(2)機密保持上の問題

グアンタナモ基地内への立ち入りは厳格に制限されているものの、基地自体が丘陵に囲まれているために、周辺から覗かれやすく、人の出入りは全て知られてしまうという問題である。実際、NGO等が公表している、オレンジ色の囚人服を着た被収容者の写真の多くは、基地外から望遠レンズを使って撮影されたものである。

(3)資金的・人的コストの問題

グアンタナモには、海軍基地の施設は整っていたものの、テロ容疑者の収容や、まして裁判となると、いずれ多くの施設を増設乃至改修する必要が生じることが確実であった。当初の収容施設となったCamp X-Rayは二〇〇一年十二月にグアンタナモへの収容が決まってから、翌年一月の第一陣到着に間に合わせるため急ごしらえで作られたもので、居住環境は最悪だったとされる。

このようにグアンタナモは百点満点の収容所候補地ではなかったが、他の候補地とメリット、デメリットを比較考量した結果、消去法により、グアンタナモが、対テロ戦争の容疑者達の「収容」、「尋問」、「裁判」のすべてを、アメリカ法の縛りを受けずに行うのに最も適切な、あるいはラムズフェルド国防長官の言葉を借りれば、収容所として使うのに「最も最悪でない場所」(the least worst place for a detention facility)であるとの理由から選ばれたのであった。

4　後述するように、グアンタナモへの収容所設置は、すべてアメリカ行政府の思惑通りにいったとは言いがたい。収容所の設置と維持を推進したブッシュ政権は連邦裁判所と対立し、連邦裁判所は揺れ動いた末に、行政府の主張を否定する判断をしばしば下した。次のオバマ政権は選挙公約であった収容所の閉鎖を目指すが、議会の反対にあって目的を達成できないまま、二〇一七年一月には共和党のトランプ大統領に政権を譲った。トランプ大統領は収容所の維持へと、前政権の方針を一八〇度転換させることになった。

グアンタナモ収容所閉鎖論と維持論

グアンタナモ収容所について、これを閉鎖すべし(被疑者はアメリカの法廷で、アメリカ国民と同様にアメリカ法と国際法に従って遅滞なく裁かれるべし)とする議論と、維持すべしとの両論があるが、それぞれの主張は概ね次の通りである。

(1)閉鎖論

(ア)民主主義のチャンピオンであるべきアメリカ自身が、アメリカ憲法で保障されている権利を被拘束者に認めず長年にわたり拘束を続けているのは、アメリカ法及び国際法違反であり、世界におけるアメリカ自身を貶め影響力を低めることになる。まして、伝えられるような拷問行為はアメリカの恥であり、アメリカの名誉を汚すものである。

(イ)被収容者であるイスラム教徒に対する長期拘束や拷問という行為は、世界のイスラム教徒のアメリカに対する信頼を失墜させ、もっと悪いことに、テロリストにアメリカを攻撃する恰好の口実を与える結果となっている。

(ウ)グアンタナモ収容所を維持し運営すること自体が大きな財政的負担となっており、壮大な無駄遣いである。

（2）維持論

（ア）アルカイダ等のテロリストは、尋常な扱いでは対処しきれない連中である。通常の犯罪者に対する取り扱いや普通の戦争における戦時法規、まして国際人権法に従って対応をすることでは十分でない、特別な取り扱いが必要であり、それができるのは「主権はキューバ、管轄はアメリカ」という特殊なステータスにあるグアンタナモだけである。

（イ）世界中で頻繁するテロに加えて、9・11以降あれだけ警戒しているアメリカ内でも、イスラム過激派によるテロ事件[3]が起こっていることに対して、アメリカ民のなかに不安がある。アメリカ内にテロリスト容疑者を入れたり、一〇〇パーセント信頼しきれない外国に移送するのは危険という危惧である。アメリカ人の半数以上が、テロ容疑者をグアンタナモからアメリカ内に移送するのに反対しているという世論調査結果もある。

（ウ）被疑者の人権を十分に考慮したアメリカ法システムに従ってテロ容疑者を取り扱えば、証拠集め、証人保護、拷問による証言が無効とされる等のアメリカ法制上の限界により、容疑者に有利な判決が出てしまう虞がある。グアンタナモ収容所から解放されてクウェイトに移送されたAbdullah al Ajami は二〇〇八年にイラクで自爆テロを行った。国家情報長官によれば、グアンタナモから釈放された者の約三割が改めて戦闘活動に復帰した（二〇一五年七月の発表）。

グアンタナモ収容所の組織

グアンタナモに移送された被収容者に関係する機能は三つ、即ち「収容」、「尋問」及び「裁判」である。これらの業務はいずれも米海軍の本来業務ではないため、次の組織が特別に設置された。

(1)「収容」については、南方軍(Southern Command)が合同タスクフォース(Joint Task Force 160、JTF160)を立ち上げ、担当せしめることとなった(これは、一九九〇年代にハイチ難民などの審査のために設置されたのと同じ組織である)。

(2)「尋問」については、二〇〇二年二月、南方軍は被拘束者の「尋問」を担当とする合同タスクフォース一七〇(Joint Task Force 170, JTF170)を設置した。

なお同年十一月にはJTF160とJTF170の両者を統合して、新たにグアンタナモ合同タスクフォース(Joint Task Force Guantanamo, JTF GTMO)を設置して、収容と尋問の双方の業務を担当せしめることとなった。現在JTF GTMOには軍民合わせて二千二百名が勤務している。

(3)「裁判」については、軍事委員会(Military Commission)が設置された。9・11事件を契機として特別に作られた一種の軍事法廷である。

グアンタナモ収容所を巡る経緯

9・11事件の後、上記の通りの経緯から対テロ戦争で捕獲された者が次々とグアンタナモ収容所に送られ、最大時で六八四人(二〇〇三年六月時点)がグアンタナモに収容されていた。

1　国際的批判

グアンタナモ収容所に対しては、アメリカ内外から多面にわたる批判があるが、なかでも、被拘束者が拷問を受けているという批判が際立っている。感電、水責め、睡眠妨害、宗教的冒瀆等である。特にアムネスティ・インターナショナルをはじめとする人権NGOからの批判が多い。赤十字国際委員会の報告書でもグアンタナモでの尋問手法が拷問に当たると指摘された。ピレイ国連人権高等弁務官は二〇一二年に同様の呼びかけを行い、バン国連事務総長は二〇〇七年にグアンタナモ収容所の閉鎖を求めた。

2　アメリカ内の議論

アメリカ内では、被収容者の家族や支援者からアメリカ内の裁判所に対して、被収容者の権利をめぐって数々の訴訟が提起され、法廷でブッシュ政権の主張が覆される判決が見られた。それに対して米行政府が、法廷から問題視された政策を手直しし、また米連邦議会が行政府寄りの新たな立法を行って収容の合法化を図るという展開となった。二〇〇九年にオバマ政権が発足してからは、前ブッシュ政権の政策を覆して収容所閉鎖の方針を打ち出したが、連邦議会がアメリカの安全を守る観点からこれを否定する立法を次々に行って対抗し、結局オバマ大統領は自らの公約を果たせないまま任期を終了した。二〇一七年にトランプ政権が誕生すると、オバマ政権時の方針が覆されてグアンタナモ収容所の維持、さらには拡大も視野に入れた方針が打ち出され、当面は現状が継続する見込みである。

3　収容所の合法性と閉鎖をめぐる主な経緯

国際ＮＧＯを中心とするグアンタナモ収容所批判や閉鎖論は世界的な広がりを見せ、特に国際人道法や国際人権法の観点から精緻な分析と批判がなされている。これらの批判は、アメリカの対応に一定程度の影響を与えてきたことは疑いないが、グアンタナモ収容所の将来を決定せしめるだけの権限と権威を持たなかった。今後もアメリカ内外からさまざまな意見が寄せられ、アメリカの世論や政府に働きかけをしていくのだろうが、グアンタナモ収容所と被収容者の運命は、結局のところアメリカの行政府、連邦議会及び司法府の決定に拠らざるを得ないのが現実である。

以下では、アメリカ内の主な動きを中心に、極く簡単に事実関係を取りまとめた。いかに入り組んだ経緯であるか理解いただけるよう、あえて主要な出来事を淡々と時系列順に記述した。記録のための記述なので、大筋のみに関心ある読者は、読み飛ばしていただいて差し支えない。

［ブッシュ政権時］

二〇〇一年九月十一日、アメリカにおける同時多発テロが発生した。

二〇〇一年十月七日、アフガニスタンにおける戦闘が開始された。

二〇〇一年十一月、大統領による軍事命令(Military Order)が発出された。同命令は、まず現下の情勢を、アメリカの国防が極めて例外的な緊急事態に直面しており、アメリカの安全とテロリズムの性質に鑑み、今回の事態には、アメリカにおける通常の裁判の原則は適用できないと認定している。そのうえで、アルカイダの元・現メンバーの他国際テロを行い、支援し、あるいはテロリストを匿う者が、適切な施設に収容され、軍事委員会のみで裁かれる(つまり、アメリカ内あるいは他国の裁判所や国際法廷の管轄権は否定される)ことを規定した。

二〇〇一年十二月、アメリカ政府はテロ容疑者をグアンタナモに収容することを決定。現地では、突貫工事で施設の拡張、増設工事が開始された。

二〇〇二年一月十一日、アフガニスタン他から最初の被収容者二十名がグアンタナモに到着、収容され、以後被収容者が増加していく。

二〇〇二年二月、ブッシュ大統領は、アルカイダ及びタリバンの要員は非合法な戦闘員(unlawful combatants)なので、ジュネーブ諸条約共通第三条(4)による保護の対象ではないが、可能な範囲でジユネーブ諸条約の原則に従って取り扱うと発表。

以降、アメリカにおいては、被収容者に対して、アメリカ人と同じく、アメリカ国内と同じく、人身保護令状の請求権が認められるか否かが最大の論点として議論され、裁判の遡上に上ることとなった。被収容者全員に対してアメリカへの移送とアメリカ内の裁判所での裁判が認められれば、結果としてグアンタナモ収容所は無意味となり、閉鎖されると見られてきた。

収容開始後、被収容者の家族や支援者から、主に被収容者に対する人身保護令状を請求する訴訟がアメリカ内の各裁判所に提起され、当初はこれを否定する判決がいくつか出されていた。例えば、二〇〇三年三月には、Al Odah v. United States 事件についてコロンビア特別区控訴裁判所は、グアンタナモにはアメリカの主権が及ばないので、被収容者はアメリカ憲法上の権利を持たないとする、地方裁判所の判断を維持した。

しかしこれ以降、以下の通り行政府の解釈に反する判決がいくつか続いた。

二〇〇三年十二月、Gherebi v. Bush 事件につき、第九巡回控訴裁判所は、アメリカの裁判所が人身保護令状請求を審理できるかの可否は、グアンタナモがアメリカの主権下にあるか否かでなく、領域管轄権を持つか否かにより決まるのであり、この点、アメリカがキューバとの貸借条約上、完全な管轄権を有していることは明らかであるとして、人身保護令状の請求を認めなかった地方裁判所の判断を破棄した。

二〇〇四年六月、連邦最高裁判所は Rasul v. Bush 事件の判決を下した。この判決では、グアンタナモにアメリカ連邦裁判所の管轄権が及ばないとする米行政府の主張と下級審の判決は否定され、被収容者には、敵戦闘員と認定されるに至った（米軍の言う）証拠について問い糺し反論する機会が与えられるべきであると判示された。この趣旨を述べた最高裁判所の判断として最初のものであった。

同月、この判決を受けて国防省は、戦闘員ステータス・レビュー特別委員会（Combatant Status Review Tribunal）の設置を決定した。

二〇〇四年十一月、米軍が被収容者に対して拷問と呼べるような心理的・身体的な強制を加えているとする、赤十字国際委員会のグアンタナモ収容状況に関する報告書がリークされた。

二〇〇五年十二月、連邦議会は、被収容者に対する拷問を禁じるとともに、連邦裁判所が軍事委員会の行為につき審査する権限を制限する二〇〇五年被収容者待遇法（Detainee Treatment Act of 2005, DTA）を制定した。実質的にグアンタナモ被拘束者に対して人身保護令状の請求を認めないとする内容である。

二〇〇六年二月、国連人権委員会と請負契約している五名の特別報告者は連名で、グアンタナモ収容所における被収容者の扱いが市民的及び政治的権利に関する国際規約や拷問禁止条約などの国際人権条約違反であるとして、収容所の閉鎖を求める報告書を作成した。

二〇〇六年六月、連邦最高裁判所は Hamdan v. Rumsfeld 事件の判決を下した。アメリカ大統領が、軍事法廷に該当する軍事委員会を連邦議会による権限の付与なく設置することは認められない、軍事委員会は戦争捕虜の取り扱いを定めたジュネーブ諸条約共通第3条に違反すると判示した。

同年十月、この判決に対して、連邦議会は二〇〇六年軍事委員会法(Military Commissions Act of 2006, MCA)を制定した。同法は、軍事委員会にその存立の法的根拠を与えるとともに、敵戦闘員(enemy combatants)として拘束されている外国人による人身保護令状の請求に対する連邦裁判所の管轄権を否定することを主たる内容とするもの。

二〇〇七年一月、国連のバン・キムン事務総長は、グアンタナモ収容所は閉鎖されるべきと発言した。

二〇〇七年七月、ブッシュ大統領は行政命令一三四四〇を発出した。被収容者に対する尋問が、拷問等を禁ずるアメリカ法に従うことによりジュネーブ諸条約共通第三条が遵守されるとしつつ、アルカイダ、タリバン及びその同盟勢力に属する者は敵戦闘員であって、ジュネーブ諸条約の保護を受けないとするものである。二〇〇一年十一月の軍事命令を公式に再確認する内容である。

二〇〇八年六月、連邦最高裁判所はBoumediene v. Bush事件の判決を下した。判決は、人身保護令状に関する連邦裁判所の管轄権を否定した二〇〇六年軍事委員会法を覆し、グアンタナモの被拘束者に、アメリカ憲法上の人身保護が及ぶと判定した。以下はその主要点である。
(1)議会が被収容者に人身保護令状の請求権(right of habeas corpus review)を認めないのであれば、その代わりに、被収容者が誤った法の適用により拘留されていると示すため別の機会が与えられなければならない。二〇〇五年被拘束者待遇法はこの代替機会を提供するものではない。

(2)アメリカはグアンタナモに対する事実上の主権(de facto sovereignty)を持つ。よってアメリカ法上の人身保護が及ぶ。

(3)軍事委員会法により人身保護管轄権を否定するのは、アメリカ憲法第1条第9節第2項[5]に反する。(ただし、この判決に対しては、裁判長を含む複数の判事が、グアンタナモはアメリカの主権の下になく、したがってアメリカ法上の保護は及ばない、被収容者待遇法は人身保護令が保証するのと同様の保護を提供している等の反対意見を付した。判決は、多数意見5/反対意見4という僅差で採択された。連邦最高裁判所が一枚岩でないことは留意されるべきである。)

この判決は、議会の立法をも覆して人身保護令状の請求権を被収容者に認めた点で画期的なものとされているが、あくまで一般論としての判示である。現に、本件の原告であるBoumediene等は、別途の裁判(ワシントンDC連邦地裁)の判決により人身保護令状の請求を認められたのである(Boumediene自身はフランスに移送)。他の幾多の被収容者を巡る人身保護令状請求についても、個々の裁判でケース毎に審査されている。同判決はまた、軍事委員会法の第七編についてはこれを無効と判示したものの、同法の他の条項については何も述べておらず、軍事委員会法自体が効力を失った訳ではない。さらに、同判決はグアンタナモ被収容者に認められる人身保護の範囲、不法に拘束されているとされた者に対する救済の詳細、アメリカ憲法の他のいかなる規定が被収容者に適用されるのか等について明らかにしなかった。

Boumediene判決の後しばらくのあいだは、多くの裁判で人身保護令の請求が認められていたが、二〇一〇年にコロンビア特別区巡回裁判所の指導により、対テロ戦争の現場ではアメリカ内の裁判と同じように十分な証拠を収集することが困難であるという現実を斟酌する傾向が強まり、その結果人身保護令状請求の認められるケースは激減し、今に至っている。

【オバマ政権時】

二〇〇八年のアメリカ大統領選挙で、グアンタナモ収容所の閉鎖とアメリカ内での被収容者の裁判実施を訴えたバラック・オバマ候補が当選した。オバマがアメリカ内での裁判実施を唱えた理由付けの一つは、軍事委員会の活動開始に先立って、すでにアメリカ内の裁判所においてテロ容疑者に対する裁判を実施し有罪判決が下された前例であった。

二〇〇九年一月、オバマ大統領は就任直後に、グアンタナモ収容所に関していくつかの行政命令を発出した。以下、それら命令の主な内容である。

・行政命令一三四九一：被拘束者をジュネーブ諸条約共通第三条に従って処遇する。テロ容疑者の尋問と移送の方法について検討する関係省庁タスクフォースを設立する（ブッシュ大統領時代に定められた、ジュネーブ諸条約共通第三条を敵戦闘員に適用しないとする二〇〇七年の行政命令一三四四〇を廃止するもの）。

・行政命令一三四九二：遅くとも一年以内にグアンタナモ収容所を閉鎖する。グアンタナモの全ての被拘束者に対する迅速な審査を実施し、その移送、訴追あるいはそれ以外の処遇を決定する。

全被拘束者の審査が終了するまで、軍事委員会の全ての手続きを停止する。
・行政命令一三四九三：上記行政命令一三四九二による審査のための特別タスクフォースを設置する。

これを受けて、グアンタナモ被収容者の出身国または欧州を中心とする第三国への移送が大規模に行われ、被収容者数は徐々に減少していった。

二〇〇九年十月、このような行政府の動きに対して、アメリカ連邦議会は、二〇一〇会計年度安全保障関連歳出予算法に、被収容者移送のために連邦予算を利用することを禁ずる条文を盛り込んだ。

同月、二〇〇九年軍事委員会法が大統領の署名を得て成立した。二〇〇六年法に対して、被疑者の権利に関する規則改正を加えたものである。

二〇〇九年十一月、エリック・ホルダー司法長官は、9・11事件の容疑者としてグアンタナモに収容されているKhalid Sheikh Mohammed（9・11事件の首謀者と言われている）他をニューヨーク南地区裁判所で裁くべく訴追するつもりであると発表した。

二〇一〇年一月、特別タスクフォースは、各被収容者の取扱いに関する報告書を提出した。三十六名は取り調べと訴追、四十八名は（移送するにはあまりに危険だが訴追には適さないとの理由で）引き続き刑事訴追なきまま拘束を継続、残りは国外に移送するのが適切であると結論付けた。

二〇一〇年一月、前年のオバマ大統領行政命令によるグアンタナモ収容所「閉鎖期限」が到来するが、前記のとおり議会の抵抗もあって、閉鎖は実現しなかった。

二〇一〇年十月のコロンビア特別区巡回裁判所は、軍事委員会による裁判の対象とされ得る敵戦闘員の定義につき、アメリカまたはその同盟国に対する敵対行為を直接に支援した者に限るとして、軍事委員会の権限に制限を加えた。

二〇一一年一月、二〇一一会計年度国防支出授権法が、連邦議会による修正（グアンタナモ被収容者のアメリカ移送を禁止、また特別の条件を満たさない限り他国への移送も認めないとする条文）が加わったかたちで成立した。その後、例年の予算審議に際して、連邦議会は同趣旨の修正を加えている。連邦議会は予算上の権限を利用して、被収容者のアメリカ内移送も外国への移送も極めて困難なものとしている。[6]

二〇一一年三月、オバマ大統領は、行政命令一三五六七を発出した。二〇〇九年の行政命令に定めた審査が終了したこと、二〇〇九年の軍事委員会法改正により被疑者の保護が強化される等、軍事委員会の改革が行われたことを踏まえ、各被収容者のステータスにつき定期的に再審査するメカニズムを規定する。

二〇一一年四月、ホルダー司法長官は、グアンタナモ被収容者が軍事委員会で裁かれ得るだろうと述べて、二〇〇九年に同長官が発表した方針（連邦政府がアメリカ内裁判所で被収容者を裁くために訴追する方針）を事実上撤回するに至った。二〇一二年六月に至り、アメリカ内への移送に対する連邦議会の反対が極めて強いことから、ホルダー司法長官は、政府としてグアンタナモ被収容者を直ちにアメリカ内に移送することは諦めると述べた。

二〇一三年四月、アメリカ全土で、グアンタナモ収容所の閉鎖を要求するデモが発生した。

二〇一三年四月、国連のピレイ人権高等弁務官は、グアンタナモ収容所におけるテロ容疑者らに対するアメリカ政府の扱いは国際法の明確な違反であると非難、同収容所を即時閉鎖することを要求した。

最近の傾向として、連邦地方裁判所レベルの判決では、被収容者の裁判をワシントンの連邦裁判所に移管することに否定的であり、いくつかの地方裁判所レベルの判決でこれが認められても、控訴審ではいずれも否定されている。

被収容者をめぐる別の論点からの訴訟に関する最近の判決として、以下も参照に値する。

二〇一五年三月、連邦最高裁判所は、以下の二判決を下し、いずれも原告(つまり被収容者側)が敗訴した。
(1)Janko v. Gates事件判決。シリア人の被拘禁者Abdul Rahim Abdul Razak al Jankoがグアンタナモ収容所で受けた身体的・精神的被害に対する補償を求めていた訴訟。最高裁判所は、アメリカ議会の決定により、裁判所は本件のような訴訟を取り扱う権限を持たない、とする二〇一四年のコロンビア特別区巡回控訴裁判所の判決を維持した。
(2)Center for Constitutional Rights v. CIA事件判決。人権団体Center for Constitutional Rightsが、アメリカの情報公開法(Freedom of Information Act, FIA)に基づき、サウジアラビア人被拘束者

Mohammed al-Qahtani がグアンタナモで鎖に繋がれ虐待されている写真等の画像を公開するよう求めていた訴訟。最高裁判所は、当該画像を公開すれば反米感情を掻き立て国家の安全保障を傷つけることになる、原告の求める写真の公開は情報公開法の対象ではないとして原告の訴えを退ける二〇〇四年の第二巡回控訴裁判所の判決を維持した。

二〇一五年十一月、国防支出授権法が成立し、被収容者のアメリカ本土への移送が禁止された。

二〇一六年二月、退任まで残り一年となったオバマ大統領は、改めて収容所を閉鎖し、収容されている容疑者を他国ないしアメリカ本土に移送する計画を発表した。しかしながらこの試みも、前述のとおり連邦議会の反対により実現しなかった。

［トランプ政権時］

二〇一七年一月に就任したトランプ大統領は、選挙キャンペーン中からグアンタナモ収容所を維持すべきであるとの意見を表明しており、オバマ政権からの政策転換が予想されていた。

二〇一八年一月三十日、トランプアメリカ大統領はおおよそ以下の内容からなる行政命令一三八二三を発出し、オバマ前政権の方針は公式に変更されることとなった。

(1)アメリカは戦時国際法の原則と法律により、武力紛争の継続中に捕獲された特定の者を拘束することができる。アメリカは依然として、アルカイダ、タリバン及びイラク・シリアのイスラム国を含む諸勢力と武力紛争状態にある。グアンタナモでの拘束は、合法、安全、人道的であり、アメリカ法と国際法に準拠して行われている。

(2)グアンタナモ収容所の閉鎖を命じた二〇〇九年一月二十二日の行政命令第一三四九二号第三節は廃止される。

(3)アメリカは、合法的で国家防衛に必要な場合には、グアンタナモ収容所に新たに被収容者を送ることができる。

要するに、(1)グアンタナモ収容所の存在が合法であることを確認する、(2)グアンタナモ収容所は閉鎖しない、(3)さらに被収容者を増やすことも検討する、という内容であり、アメリカ行政府の大きな方針転換である。

なお、この行政命令は、トランプ大統領の初めての一般教書と同じ一月三十日に発出された。この一般教書と、翌々日(二月一日)のティラーソン国務長官による中南米外交政策講演において、アメリカはキューバの体制を批判したことから、キューバ政府は直ちに両演説に反論した。しかしながら、筆者の承知する限り、現在のところキューバ政府はグアンタナモ収容所に関する一月三十日の行政命令に対しては、特段の立場を発表していない。

二〇一八年十月、退任したアンソニー・ケネディ最高裁判所判事の後任として、ブレット・カヴァノー連邦巡回裁判所判事が任命された。同判事に対して、学生時代の性的暴行疑惑が申し立てられて上院での承認手続きが紛糾したことが、大きなニュースになっていた。同判事は、妊娠中絶やLGBTの人権等について保守的な意見を持つことで知られているが、グアンタナモ収容所についても、これまでブッシュ政権や連邦議会寄りの判断を下してきたことから、今後収容所問題に関する米司法府の判決が行政府に有利な方向に変わっていくのではないかと見る向きもある。

グアンタナモ被収容者数であるが、かつてアフガニスタン人、パキスタン人、イエメン人などを中心に、四十二カ国から最大時で六八四名、合計七八〇余名が収容された後、これら被収容者の審理が進み証拠不十分等により出身国に戻され、あるいは第三国に移送される者が増え、被収容者数は四十名まで減っている。

二〇一九年には、以下のとおりグアンタナモの被収容者が増加する現実の可能性が取りざたされた。今度は9・11でなくシリアのＩＳ（イスラム国）の戦闘員たちである。

二〇一八年十二月、トランプ大統領はシリアのＩＳに対する勝利を宣言し、米軍のシリアからの撤退方針を発表した。米軍撤退となると、シリアにおけるアメリカの友好勢力であるクルド人のシリア民主軍（ＳＤＦ）が捕えた約七百〜千名にのぼるＩＳの戦闘員の扱いが問題となる。ＳＤＦだけでは到底これらＩＳ戦闘員を抱えきれず、まさかシリアのアサド政権に渡す訳にもいかず、という流れでグアンタナモへの移送という可能性が浮上していたのである。実際、二〇一九年十月にはトランプ政権は撤退を開始したが、そこにトルコ軍が侵入してクルド人部隊を掃討、クルド勢力が駆逐されてしまったため、ＩＳ戦闘員の多くは脱出してしまった模様である。

結局、現在グアンタナモに収容されているテロ容疑者たちには、軍事委員会による裁判、（アメリカ内に移送された後の）アメリカ連邦裁判所による裁判、戦時国際法上の被拘束者としての拘束

（訴追されないまま拘束が続く状態）、国外への移送という四つの取り扱いの可能性が理論的には残されているものの、議会の度重なる反対によりアメリカ内への移送は事実上実行ができない状態にある。第三国への移送については、前述の通り受け入れ用意がある国を見つけるのが困難である他、仮にあったとしてもこれら諸国の人権状況が極めて劣悪なため移送が控えられており、行き詰まったままとなっている。

このようにアメリカ内では、グアンタナモ収容所を巡る種々の法的な論点について、共和党または民主党政権の行政府、連邦議会、裁判所がいわば三つ巴になって論争が続いている。

グアンタナモ収容所の意味すること

以上が現在までの経緯であるが、あえて大胆に総括すれば、グアンタナモ収容所が示しているのは、9・11事件の結果、テロリズムを巡る状況に大きなパラダイム・シフトが起き、アメリカも世界も未だそれに適応しきれていないという現状ではなかろうか。9・11事件以前は、アメリカでも他のいずれの国でも、テロ行為は刑法上の犯罪であり、容疑者は国内法に従い、国内の普通裁判所で裁かれてきた。9・11は、アメリカ本土が大規模な攻撃を受けたという未曾有の危機であり、その結果、（1）アメリカにとってテロへの対応は犯罪取り締まりから戦争（war on terror）へと変貌し、（2）しかもその戦争は戦時国際法の想定する国対国の戦争ではなく、アルカイダのような、既存の法制度が想定していない者と組織を相手とする、全く新しい闘いとなったのである。

9・11事件により、既存の法体系や国際社会が想定していない異常で危険な事態が現出した以上、この事態への対応の仕方も、既存の法的枠組みに収まらない特別な手法が不可欠になったという認識から、すべてが始まったのである。グアンタナモという特殊な法的ステータスを持つ場所に収容所が置かれたのは、このような新しい状況が背景にある。

これまでに積み重ねられてきた法的な議論を以てアメリカ政府や議会の対応を批判することは可能であるが、9・11事件の被害者であるアメリカ(行政府のみならずアメリカ国民とその付託を受けた議会)における人々の認識が激変したことを忘れてはならない。従来とは異なるものになってしまったテロに対する認識を踏まえなければ、現実は動かせないのではなかろうか。

グアンタナモ収容所に対するキューバの反応と返還要求

1　グアンタナモ基地に最初の被収容者が到着した二〇〇二年一月、アメリカ政府から事前に通報を受けていたキューバ政府は以下の声明を発表した。

――(グアンタナモの貸借が不法であると述べたうえで)一九九〇年代に多くのハイチ人、キューバ人がアメリカに逃れようとした際にグアンタナモに収容されたが、この行為はグアンタナモ貸借条約によって認められていない。しかしキューバはこれらの行為を妨害するようなことはせず、後のコソボ難民移送計画に対してはアメリカに対する協力の呼びかけを行った。

——グアンタナモ基地の周辺地域では、以前のような敵対的な環境と異なり、相互尊重の環境が醸成されつつある。

——今回アメリカがグアンタナモに「戦時捕虜」を移送するという計画は事前に相談を受けていなかったが、一月七日にアメリカからキューバ当局に対してその詳細について通報があった。この計画は条約に従ったものではないが、妨害するつもりはない。移送される人員の生命に関わる事故のリスクを軽減させるのに必要とされる措置がとられるよう、米軍基地との間で連絡を続ける。

——キューバ政府は、本件について事前に通報があったことを評価するとともに、赤十字国際委員会によるモニタリングの下で、「捕虜」が適切で人道的な取り扱いを受けるというアメリカの公式声明を満足の意を以て受け止める。

要するに、グアンタナモ返還要求は維持しつつ、かつ米軍が被移送者を「戦時捕虜」として、即ちジュネーブ条約に従って人道的・合法的に扱うことを前提としてではあるものの、キューバ政府が当初このオペレーションを容認し、実際に被収容者のグアンタナモ到着機の安全確保に協力していたことは特記される。アメリカ本土への攻撃というアメリカの安全保障の根幹にかかわる事案だけに、キューバ政府は、怒れるアメリカの虎の尾を踏んで敵側とみられるのは得策でないと判断したのであろう。

2　しかしながら、キューバがこのように異例の対米配慮を示したにもかかわらず、ブッシュ政権の対キューバ政策は引き続き厳しい方針が維持された。二〇〇二年のフロリダ州知事選挙でキューバ系アメリカ人票に頼る弟ジェブへの配慮もあったのだろう。また折悪しく同年初めに、ブッシュ政権は、キューバ系アメリカ人で反カストロ急先鋒のオットー・ライヒを国務省西半球担当次官補に任命してキューバ政府の神経を逆撫でしてしまった。その後は、グアンタナモにおける被収容者への拷問等が報じられるに至り、キューバ政府は態度を一変させ、アメリカによるグアンタナモへのテロ容疑者収容に対する非難を継続している。

「アメリカは、拷問に関する特別報告者が、米海軍基地により不法占拠されているグアンタナモの拷問センターを無条件に訪問することを何故認めないのかについて、答えていない」(二〇一五年三月の人権理事会にて、キューバ代表部参事官の発言)、「アメリカは、キューバの領土を不法占拠しているグアンタナモ海軍基地にある拘束・拷問センターを未だに閉鎖していない」(二〇〇九年九月、国連総会におけるロドリゲス外相演説)、「グアンタナモ海軍基地で拷問が行われている」(二〇一七年九月、国連総会におけるロドリゲス外相演説)といった非難である。

3　キューバ政府は、近年はこのようにグアンタナモ収容所をめぐってアメリカへの批判を頻繁に行っているものの、グアンタナモを収容所として活用することが貸借条約の重大な違反であるとか、拷問は国際法上の強行法規違反であるなどとした返還要求論を組み立てて公表していないのは、

第四章で述べたところである。

4　前述したアメリカ内の諸判決をみると、これらアメリカの諸裁判所の判決には、グアンタナモの貸借自体の国際法上の合法性に言及がない。つまり貸借が無効であるとする判決は見当たらなかった。

例えば、グアンタナモ被収容者に対して初めてアメリカ法上の人身保護令状請求権を認めた二〇〇三年十二月の Gherebi v. Bush 判決は、アメリカはグアンタナモ基地がその主権下にあるかのように扱ってきた、アメリカは長年にわたり(その使用を石炭補給と海軍基地に限定する)貸借条約の文言にあからさまに反する行動をとってきた、として、グアンタナモ基地内に学校、娯楽施設、ファーストフード店があることや、かつてハイチ人やキューバ人難民の収容に利用したことに触れている他、キューバがこれに対して公に抗議していると記している。しかしながら、同判決はグアンタナモ貸借条約の有効性を当然の前提としており、貸借条約上の使用目的に「あからさまに反する」行動が、ウィーン条約法条約第六十条にいう「(条約の終了・停止の根拠としての)一方の当事国による重大な違反」に当たるか否かに言及していない。さらに、二〇〇八年の Boumediene v. Bush 判決は、「アメリカはグアンタナモに対する事実上の主権を持つ」とまで判示しているのである。

いずれかの原告がアメリカの裁判所に対して「そもそもアメリカがグアンタナモを租借している

こと自体が国際法上無効である、したがってアメリカがグアンタナモの地に収容所を設けることは法的な根拠に欠ける」という趣旨の訴えを起こし、そこに裁判所の許可を得てキューバ政府乃至その代理人が amicus curiae として意見書を提出して貸借条約の違法性を訴える、という展開になれば、グアンタナモ貸借を巡るアメリカ・キューバ関係の研究者にとって実に興味深いのだが。[7]

註

（1）エリアン少年事件
一九九九年、当時五歳のキューバ人エリアン・ゴンサレス少年とその母親がキューバから米国にボートで亡命を試みたが遭難し、エリアン少年だけが救出され米国内の親類に預けられた。キューバ政府はこれを「米国による誘拐」と呼び米国を非難し街頭デモ等を繰り広げた。一方、米国内では、キューバ系米国人を中心として、エリアン少年を非民主的なキューバに戻すべきではないとの声が高まって、エリアン少年に永住権を与える法案が連邦議会に提出される等して米国・キューバ関係が緊迫した。結局、米国政府の決定により二〇〇〇年エリアン少年はキューバに住む実父の下に送還された。後日談であるが、当時のクリントン大統領（民主党）がエリアン少年のキューバ帰還を容認したことが、フロリダ州のキューバ系米国人の怒りを招き、二〇〇〇年の大統領選挙でゴア候補（民主党、クリントン大統領の副大統領）が同州でブッシュ候補（共和党）に僅差で敗れ、これが大統領選挙の勝敗を決したのであった。フロリダ州はカリフォルニア（五十五人）、テキサス（三十八人）に次ぐ大統領選挙人（二十九人。ニューヨークと同じ数）を有し、キューバ系米国人の活発な政治活動で知られている。一九六一年に米国・キューバが断交して以降の大統領選挙結果を調べたら、一九九二年を除き、他の十三回の選挙すべてにおいてフロリダ州を押さえた候補が当選している。エリアン少年事件を通じて、改めてキューバ系米国人の米国内政に対する影響力が示される結果となった。

（2）貿易制裁改革及び輸出拡大法（Trade Sanctions Reform and Export Enhancement Act, TSRA）
二〇〇〇年十月に成立した同法により、制限的条件下でキューバ向けの農産品及び医療品・医療機器の輸出が認められる一方で、米国からキューバへの観光旅行が明示的に禁止された。

（3）米国メリーランド大学のグローバル・テロリズム・データベースによれば、一九七〇年から二〇一六年まで、世界で十七万件以上のテロ事件が発生している。そのうち米国では、大きく報道されたイスラム過激派による事件だけでも、二〇〇九年十一月テキサス州フォートフット陸軍基地における銃乱射事件、二〇一三年四月ボストン・マラソンにおける爆破事件、二〇一六年六月フロリダ州オーランドにおける銃乱射事件、二〇一六年十一月オハイオ州立大学における車両突入事件、二〇一七年十月ラスベガスの従乱射事件、二〇一七年十一月ニューヨークにおけるトラックによる殺人事件等がある。

（4）ジュネーブ諸条約共通第三条
一九四九年、戦争犠牲者保護の条約作成のために開催された国際会議で、四つの条約が採択された。（戦地にある傷病者の保護についての第一条約、海上傷病者の保護についての第二条約、捕虜の待遇についての第三条約、民間人の保護についての第四条約）これら条約の第一条から第三条は共通の内容である。その共通第三条は、戦闘に参加していない者に対する虐待や拷問、裁判によらない刑などを禁止している。

（5）米国憲法第一条第九節第二項
反乱または侵略に際して公共の安全のために必要な場合を除き、人身保護令状の特権は停止されてはならない。

（6）特別の条件
被移送者の受け入れ国が、被移送者をコントロール下に置くこと、被移送者が将来米国の脅威とならないよう所要の措置を執ること、過去に当該国に移送された者が再びテロ行為に従事していないことを、国防長官が議会に対して保証すること。

（7）amicus curiae
裁判の当事者でない第三者で、裁判の参考となるべき専門的意見を提出する者。提出される意見書を amicus brief と呼ぶ。

[コラム]アメリカ大統領とキューバ（続編）

わずか百五十キロしか離れていないアメリカとキューバのあいだには、常に何らかの出来事があり行政府の長として関わらざるを得ない運命にある。先のコラムに掲げたアメリカ大統領や、本文中に登場してもらったオバマ大統領やトランプ大統領の他、アメリカ・キューバ史のなかで意外な関わりのあった大統領も、以下に紹介したい。

その1：ウィリアム・マッキンリー（任期一八九七年〜一九〇一年、共和党）

一八九八年の米西戦争を戦い、キューバをアメリカ占領下に置き、プラット修正条項付きのキューバ憲法によりキューバ独立の道筋をつけた、キューバにとって因縁の深い大統領である。マッキンリーは一九〇一年九月四日に暗殺され、セオドア・ローズベルト副大統領が大統領に昇格した。

その2：ジョン・F・ケネディ（任期一九六一年〜六三年、民主党）

ケネディ大統領は、一九六一年四月、アイゼンハワー大統領から引き継いだキューバ侵攻計画に失敗し、また一九六二年キューバ・ミサイル危機の当事者として世界の運命を左右する立場にあったことはすでに述べたが、キューバとは他にもかかわりがある。

ケネディ大統領は上院議員であった一九五七年十二月以降、革命前のキューバを何回も訪れたが、キューバに進出していたマフィア連中とホテル・コモドーロ（現在の日本大使館事務所の斜め前にあるリゾート・ホテル）をはじめとする豪奢な施設で豪遊していたという噂も伝えられている。

ケネディ大統領は大の葉巻ファンで、キューバ産のH.Upmannという銘柄を好んでいた。ミサイル危機でいよいよ対キューバ関係が緊迫するという時、今後これが入手できなくなる事態に備え、サリンジャー補佐官に命じてこの銘柄の葉巻を千本以上買ってこさせたという逸話を耳にする。

ケネディ大統領は一九六三年にダラスで暗殺された。暗殺の陰に誰がいたのか等、未だに謎が多いが、実は、暗殺実行犯であるオズワルドが暗殺に先立ってメキシコを訪れ、そこでキューバ大使館に接触したと公開の記録に残されているのである。キューバは何らかの関わりがあったのか、あるいは全く関係なかったのか、真相はいかに。

その3：リチャード・ニクソン（任期一九六九年〜七四年、共和党）

ニクソンがアイゼンハワー大統領の副大統領であった頃のこと。キューバ革命直後の一九五九年四月十九日、フィデル・カストロが訪米して面会したアメリカ政府の最高幹部がニクソンであった。ニクソンがカストロとの面会後ダレス国務長官に送った会談メモによれば、ニクソンは、カストロには大いなるリーダーの素質があるとしつつ、自由選挙、報道の自由、外資活用の必要性等について意見が合わず、カストロは「共産主義に対して信じられないくらいナイーブであるか、または既に共産主義に感化されている。前者ではないかと思うが……」「カストロの政治と経済の運営に関する知識は、これまでに会った多くの指導者達と比して劣っている」と、辛口の評価を残している。この評価がその後の米政府の対キューバ政策に影響したのかもしれない。

その4：ジミー・カーター（任期一九七七年〜八一年、民主党）

カーターが大統領であった当時、デタントといわれる米ソ緊張緩和のなか、一九七七年にアメリカとキューバは互いの首都に利益代表部を設置した。パナマとの関係改善を目指して、パナマ運河の返還を決めた大統領でもある。また、大統領職退任後の二〇〇二年にキューバを訪問している。

第六章　アメリカにとってのグアンタナモとグアンタナモの将来

「戦いは五分の勝ちを以て上とし、七分を以て中とし、十を下とす」　武田信玄

この章では、グアンタナモ返還要求に対するアメリカ政府の公式見解と、アメリカ内の議論を解説する。そのうえで、グアンタナモの将来の姿について、期待を込めた大胆な推論を紹介したい。

アメリカ政府の公式見解

1　アメリカ政府は、収容所の閉鎖を目指したオバマ政権時代も含めて、ホワイトハウスも国務省も国防省も一貫して、グアンタナモ米海軍基地自体については、その維持が必要であり、それは仮に将来収容所としての機能が終了しても変わらない立場であることを、繰り返し公式に表明してきている。またすでに紹介したとおり、キューバ政府とアメリカ政府が協議する際に、キューバ側からグアンタナモ返還を求められても、アメリカ政府はこれを協議の議題としない、つまり門前払いする方針を貫いている(1)。

アメリカ政府の公式な意見表明の中で、グアンタナモ基地がアメリカのために果たしている役割について、ジョン・ケリー南方軍司令官(当時。前大統領首席補佐官)の上院における証言(二〇一五年三月)が、以下の通り最も詳細に語っている。
(1)グアンタナモ米海軍基地の戦略的重要性は、収容所の存在とは独立したものである。
(2)グアンタナモの飛行場と港は、国防軍、国土安全保障省及び国務省のオペレーションに不可欠な存在である。
(3)グアンタナモは難民の救助と帰還オペレーションに重要な役割を果たしている。
(4)グアンタナモは人道支援と災害時の救援活動の拠点として極めて重要である。
(5)グアンタナモは、ラテンアメリカとカリブ地域における唯一の恒久的な米軍基地として、アメリカのプレゼンスと即応アクセスを提供している。
(6)グアンタナモの存在は、アメリカ本土に対する空と海からの接近に対して、多層的な防衛を可能とする。

2　アメリカでは、行政の効率性向上のため各行政機関に対する行政監察活動が行われているが、海軍自身がグアンタナモ基地に対して行った査察の報告書(二〇一六年一月)も、次のように基地を維持すべしとの見解を述べている(収容所機能でなくグアンタナモ海軍基地そのものを対象とする実地査察の報告書)。

「グアンタナモ米海軍基地の将来については、南方軍の見解と同意見であり、同基地は南米・中米・カリブで軍事活動を展開する上で、戦略的重要性を持つ。そのロケーションはこの地域の安全保障と協力を向上させるために不可欠なアメリカのプレゼンス維持を可能としている」

グアンタナモ米海軍基地の維持論と不要論

アメリカ政府の立場とは別に、アメリカ国内では、特に9・11事件後に収容所が開設されて以降、グアンタナモ海軍基地と収容所を維持すべきか否かにつき議論が行われている。ここでは主な維持論と閉鎖／返還論を紹介する。以下、維持論の多くの理由付けは、前述のアメリカ政府公式見解と重複するが敢えて詳述する。

1　グアンタナモ米海軍基地を維持すべしとする意見

(1)戦略的観点からの維持論

(ア)戦略的ロケーション

アメリカはその西岸において太平洋、東部に大西洋、南部でメキシコ湾とカリブ海に面している。キューバ島はこのうち米本土の東と南の三つの海の中心、いわばチョークポイントとも言える位置にある。ここを他国に押さえられればアメリカの海上交通が大きな脅威に直面することになり、逆にキューバ島を押さえておけば、海上交通の安全を確保できるのである。一九一四年にパナマ運河が開通したことにより、キューバ島には、太平洋からアメリカ南部及び東部に向かうシーレーンに位置し、アメリカ南部及び東部からアジア太平洋に向かう物資の主要海上ルートの拠点という、新たな戦略的重要性が加わった。このルートは、パナマ運河を経由してアメリカの東と西を結ぶ唯一の海上交通路でもある。このキューバ島に拠点を持つことが、海上交通の面で大きな意味を持つことは明らかである。

この海域についてもう少し詳しく見ていこう。コロンブスの昔から三つの海を繋ぐ主要な海峡であったのは、①ウィンドワード海峡(Windward Passage、キューバ島とハイチの間)、②ユカタン海峡(Yucatan Passage、キューバ島とメキシコのユカタン半島の間)、③フロリダ海峡(Florida Straits、キューバ島とフロリダ半島の間)である。このうち②と③はアメリカ本土に近接しているので、米本土の諸拠点からの即応が可能である。グアンタナモに直接関係するのは①のウィンドワード海峡である。ヨーロッパから新大陸の北部に向かう船舶は貿易風に乗って自然に同海峡に至り、グアンタナモ湾近辺に到達するのである。コロンブスが初めてキューバに到達したのもこの近辺であった。そのため、この海峡は西半球で最も海上交通量の多いシーレーンの一つで、大小アンティーユ諸島、メキシコ湾、中米、南米北岸、パナマ運河を通る海運に中心的ルートとなっている。なお、同海峡は幅五十五マイル、深海のためアメリカ海軍の潜水艦訓練の格好の場を提供している。

この海域において、アメリカはフロリダ半島の北東部にメイポート、同半島の西側にタンパの軍港を持って、メキシコ湾とフロリダの入口を押さえる格好になっている。そしてキューバ(グアンタナモ)が大西洋からカリブ海域の入口を見張る役割を果たし、アメリカの海上安全保障の要となっているのである。

(イ)米海軍第四艦隊の前線基地

グアンタナモ米海軍基地は、米海軍(第四艦隊)がカリブ海に持つ唯一の基地である。第四艦隊の司令部はフロリダ州メイポートにあるが、グアンタナモ基地は駆逐艦四十隻の停泊施設を持つ他、さらに六つの桟橋と一つの埠頭を有する規模で、カリブ海で唯一、最大、最重要の海軍基地である。また、先にグアンタナモの東西が山岳地帯に囲まれていると記したが、このおかげもあり、特に湾内東部においては、カリブ海特有の暴風雨から免れる格好の避難所としての価値も大きい。

いわゆる補給面の効用であるが、アメリカがグアンタナモの租借を開始した当時、艦船の燃料は石炭であり、今はそれが石油或いは原子力となり船舶自体の航行能力も向上したので、グアンタナモに石炭供給地を置く必要性は全くなくなったし、石油も原子力もわざわざグアンタナモで補給する必要はない。しかし、依然としてカリブ海でオペレーションを展開中の艦隊にとって、展開海域の近くに水や食糧その他物資の補給が可能で、安心して休養できる基地のあることは、艦船の運用上大きな意味がある。グアンタナモはその役割を果たし得るカリブ海唯一の拠点である。

(ウ)中南米特にカリブ海諸国の防衛

域外諸国からこれら諸国に対する攻撃があった場合に、直ちに出動できる航空機及び船舶を配備する最寄りの米軍基地が、グアンタナモ海軍基地である。

（エ）中華人民共和国とロシアという要素

アメリカ政府当局者は最近、中華人民共和国がその経済力や一帯一路構想などを利用して中南米地域を自らの勢力圏に引き込まんとしている、またロシアは中南米への武器供与などを通じてプレゼンスを拡大しつつあると警鐘を鳴らしている（二〇一八年二月のティラーソン国務長官（当時）、ティッド南方軍司令官の発言等）。また、「キューバは中南米全域でアメリカの利益を狙い撃ちにしており、キューバの新政権はロシア、中華人民共和国及び北朝鮮との協力姿勢を変える様子がない」（ティッド司令官）との警戒感を示している。

中華人民共和国が中南米地域において、武器供給や軍事交流などの軍事的な関与を増加させているので、仮にグアンタナモ収容所がなくなっても、さらにキューバの現政権が倒れたとしても、グアンタナモ米海軍基地の戦略的能力は、カリブを含む中南米におけるアメリカの政策にとり必須の存在であると指摘する声がある（ダグラス・フレイザー元アメリカ南方軍司令官）。

かつて中南米は、世界中で台湾と国交を持つ国が最も多い地域であったが、中華人民共和国は徐々にこれら諸国の切り崩しを図り、二〇一七年にはパナマが、二〇一八年にはドミニカ共和国とエルサルバドルが中華人民共和国政府を承認するに至った。例えばパナマと中華人民共和国の共同声明を見ると、「パナマ政府は一つの中国原則を厳格に遵守し、この原則に反する如何なる行為にも断固として反対し、中国の平和的統一のプロセスを積極的に支持する」と、極めて中華人民共和国の立場に寄り添った内容となっている。中華人民共和国との関連では、ニカラグア両大洋間運河計画も想起される。二〇一六年内に着工開始予定であったのが現在立ち止まっている状態であるが、計画は明示的に放棄された訳ではない。ニカラグア運河にせよ、パナマ運河にせよ、中華人民共和国が背後から同運河を実質的に管理し、またいずれ公船そして軍艦の配備や基地の設置に繋がるとすれば、カリブ海の海運に対する影響は計り知れないものがある。アメリカ政府特に安全保障関係者は、太平洋から中米地峡を経てカリブ海、メキシコ湾及び大西洋に繋がるシーレーンの商業的・軍事的安全確保を重視している。

ロシアについては、一九五九年のキューバ革命後、キューバは経済的にも軍事的にもソ連にほぼ全面的に依存し、キューバ国内にソ連の基地と四万人以上の要員を維持していたが、ソ連の崩壊とともに軍事的な絆は相対的に薄れ、ソ連軍も撤退した。が、最近に至り、ロシアの情報収集船（Victor Leonov号）がキューバの港に立ち寄る姿がたびたび目撃されている他、ロシアが戦略爆撃機を飛ばしてメキシコ湾及びカリブ海域をパトロールする計画があり、ベネズエラとキューバにこれら爆撃機のための空港施設貸与を求めてアプローチしている兆候があると報じられている。二〇一四年二月にはロシアのショイグ国防大臣がキューバ、ベネズエラ及びニカラグアへの軍事基地設置を目指している旨発言、二〇一六年にはロシアがキューバ軍の装備を近代化するための協定に合意した。経済面でも二〇一四年にプーチン大統領がキューバを訪問した際に、ロシアが対キューバ債権三百二十億ドルのうち九〇パーセントを免除し、二〇一七年にはソ連時代以降途絶えていたキューバへの石油供給を再開する等、緊密化しているのは確かである。キューバとロシアの軍事面での協力関係の実態は、その性格上確かなことはつかみにくいが、このような情報がアメリカ関係者にはよく知られていることは事実であり、アメリカ関係者のグアンタナモに対する評価に大いに影響を与えていることも、想像に難くない。

(2)政治的観点からの維持論

(ア)キューバに対する取引材料

ヘルムズ・バートン法には、民主化したキューバとグアンタナモの地位について交渉することが規定されている。形式的に言えば、この規定によってキューバの民主化を促すことが期待されているのだが、現実問題として、キューバ政府がグアンタナモ返還のためにアメリカが求めるような「民主化」を進めるとは誰も想定していないだろう。このようなナイーブな期待ではなく、アメリカとキューバが将来大きな取引をする場合に、グアンタナモの返還は大変重要な取引材料であるので、軽々に手放したくないことは間違いない。(取引材料としての価値については後述する。)

(イ)アメリカ内政上の要請

南フロリダを中心にしてアメリカには約二百万人のキューバ系アメリカ人が住んでおり、彼らのなかでは依然としてキューバ現政権に対する厳しい姿勢を維持すべしとの勢力がある。彼らは声が大きくロビー活動も盛んである。これら対キューバ強硬派にとっては、グアンタナモに米軍が駐留していること自体が政治的・象徴的な意味を持っており、万一グアンタナモがキューバ現政権に返還されるとなれば、彼らの眼にはアメリカと自由・民主主義の敗北と写るのである。先に述べたとおり、フロリダ州は、カリフォルニア州、テキサス州に次いで、ニューヨーク州とならぶ大統領選挙人を擁する大票田であり、大統領選挙の行方を決する州という事情もあって、フロリダの対キューバ強硬派の声が、これまでのアメリカの対キューバ政策を方向付けてきたといっても過言ではない。アメリカ政府は、国内の対キューバ強硬派の声を無視するわけにはいかないのである。

(3)その他の観点からの維持論

(ア)収容所

当面の間、アメリカが最大の関心を払う機能が、収容所の運営である。収容所機能に関する議論については第五章に詳述したとおりであるが、グアンタナモ以外の選択肢が見つからない以上、グアンタナモの諸施設を維持せざるを得ない。

(イ)カリブ海における密輸、特に麻薬取締オペレーションの拠点

中南米からの(或いは中南米を経由した)麻薬がアメリカに密輸入されるのを防ぐことは、アメリカの安全保障上の大きな課題である。空路にせよ海路にせよ、カリブ海は密輸業者にとって非常に使い易いルートであり、それを阻止する上で、カリブ海全域に睨みを効かすことのできるグアンタナモ海軍基地は絶好の位置にある。

（ウ）自然災害など緊急時の支援拠点

毎年秋になると、多くのハリケーンがカリブ海に発生し、島嶼諸国を襲うのは年中行事となっている。この面でも、グアンタナモ基地はカリブ海のいずれの地点にも迅速に物資を届け、あるいは遭難する船舶の救助にあたる拠点である。二〇一五年のハリケーン・ホアキン発生時に貨物船エル・ファロ号を救助したオペレーションはグアンタナモ基地を拠点としたものであった。二〇一〇年にハイチで大規模地震が発生した際にも、同国から目と鼻の先にあるグアンタナモ基地は救援センターとして機能した。

（エ）難民救援の拠点

前述の通り、ハイチ難民や中国難民は命を賭して小規模船舶や筏でアメリカを目指して海に出ることが多かったが、遭難することもしばしばであった。これら難民船を発見し、一時収容し、そして難民審査を行う場としてグアンタナモ基地は大きな役割を果たしてきたし、今後もカリブ海沿岸諸国の政情・経済事情次第で、難民発生時の支援センターたる機能が期待できるのがグアンタナモ基地である。

2　グアンタナモ米海軍基地を放棄／キューバに返還すべしとする意見

グアンタナモ米海軍基地を閉鎖しキューバに返還する案は、かなり以前からあった。早くは一九三四年にそのような議論がアメリカ内で出されたようで、これに対して当時のチャールズ・クック・グアンタナモ米海軍基地司令官は、西半球のシーレーン防衛のためにグアンタナモが枢要な役割を果たしていると強調して反論している。一九六二年のキューバ・ミサイル危機の際には、第二章で見たとおり、アメリカ政府内部でソ連のミサイル撤去の代償としてグアンタナモ米海軍基地の返還を提案するという案が出されたものの、ケネディ大統領に却下された経緯がある。さらに、パナマ運河のパナマへの返還を決めたカーター政権時、グアンタナモ基地の閉鎖が政府部内で議論された模様である。もちろん、いずれの場合においても、戦略上の必要性から、アメリカで返還論が力を得ることはなかった。

以下、グアンタナモをキューバに返還すべしとする主な意見を紹介する。

(1)アメリカ防衛上の役割

グアンタナモ米海軍基地の本来の目的は、アメリカの防衛であった筈だが、すでにグアンタナモ米海軍基地はその役割を終えた。そもそもグアンタナモ海軍基地を租借したのは、十九世紀末から二十世紀初頭に欧州列強がカリブ海に植民地や軍事拠点を持っていた時代に、これら諸国の脅威からアメリカを防衛するためであった。その後第二次大戦中にドイツの潜水艦からアメリカ商船の安全を守るための海軍拠点として機能し、冷戦中には共産圏に持つ唯一の米軍基地という東西戦略上の意味があったが、すでに冷戦が終わって久しいので、グアンタナモはその戦略的な意義を失った。

（2）海軍基地としての価値

船舶の燃料が石炭であった時代はとうの昔に終わった。グアンタナモは、収容所としての役割に加え、現在第四艦隊のロジスティック及び情報活動の拠点として役割を果たしているものの、不可欠な存在ではない。キューバに海軍基地を持たずとも、南フロリダに持つ海軍基地から、必要に応じて大規模な軍事オペレーションをカリブ海に展開することができる、グアンタナモなしで十分にアメリカの戦略目的は達成可能である。現に、一九九五年には第四艦隊の訓練グループ（Fleet Training Group）の機能は、グアンタナモから同艦隊司令部のあるフロリダ州メイポートに移管されている。

（3）基地の維持コスト

グアンタナモ米海軍基地は、他国に所在する米軍基地と異なって、その運営のためキューバ政府から全く支援を得られていない。水も電気もガスも食糧も、すべて自前で調達しなければならないことから、維持コストが世界で最も高い基地と言われる。二〇一七会計年度のグアンタナモ海軍基地関連予算は一億八一〇〇万ドル、これに加えて収容所関連業務のため毎年約八億一〇〇万ドルのコストが発生している。グアンタナモには、これだけの高コストに見合う戦略的価値はない。

この論点に関する解説であるが、アメリカ国防総省は Base Realignment and Closure Process という基地の評価システムを持っており、定期的に、主として軍事的観点から世界中に位置する基地の存続可否を検討している。現在のところ、収容所がグアンタナモの最重要かつ短期的に終了困難なミッションなので、このプロセスによる低い評価を受けて閉鎖の決定に至る可能性は少ないと思われるが、収容キャンプ開設以前には、その役割が徐々に低下しつつあったことは確かであるので、いずれコスト・ベネフィットの観点から存続可否の議論が俎上に上ってくる可能性はあるだろう。

(4)アメリカ・キューバ二国間関係

一九五九年のキューバ革命以後、グアンタナモ米海軍基地はことある毎に「米帝国主義の象徴」として、経済制裁解除の次に必ずキューバ側から返還要求が出され、実際にキューバとの関係改善の大きな障害になっている。アメリカはキューバに対して敵対的な政策を続けたがそれが上手くいかなかったという反省から、オバマ大統領はキューバへの接近を決断したのである。そのキューバとの関係改善のために、経済制裁とともに大きな障害となっているグアンタナモ海軍基地問題を解決し、キューバとの真の和解を追求するのが、アメリカの政権が交替した後も、引き続きアメリカの正しい対中南米政策である。

過去にはアメリカはプラット修正条項に基づいてキューバの内政に介入しグアンタナモ基地から軍の出動さえ行ったことはあるが、もはやそのような行動をする事態が想定し難いことはアメリカもキューバもよく知っている、したがってキューバに対する牽制という役割はすでに失われている。

(5)グアンタナモ収容所によるアメリカのイメージ低下
第五章で説明したとおり、グアンタナモ収容所の存在が国際的非難の対象となり、アメリカ全体のイメージ低下に繋がり、またイスラム諸国からの無用の反発を招いている。オバマ前大統領の目指した政策の通り、収容所は早急に閉鎖すべきであり、そして収容所機能のないグアンタナモは、既にアメリカにとって不要の存在である。

現状の評価

これまで見てきたところを総括すれば、次のような現状評価が可能であろう。

1　キューバの動き
(1)キューバは引き続きグアンタナモの返還をアメリカに求め続ける。
(2)しかし、キューバが世界最大の軍事大国であるアメリカに対して、一方的な実力行使による奪還を企てる可能性は考えられない。
(3)キューバはALBA等の国際機構や他の国際的フォーラムを活用して、グアンタナモ返還要求に対する国際的支持を求める動きを続けるであろうが、対キューバ経済制裁撤廃を求めるのと同様な国連総会決議まで追究する可能性は低い。返還に向けた大きな国際的な流れを作り出すのは、容易ではあるまい。

(4)キューバは当面のあいだ、仲裁裁判や国際司法裁判所での審理を提案する等、アメリカに対する国際的な司法的解決を求める可能性は低いものと思われる。

2　アメリカの動き

(1)アメリカの現政権は、現段階ではグアンタナモをキューバに返還するつもりはない。グアンタナモ収容所閉鎖を強く訴え、キューバとの外交関係を回復し一定の関係改善を果たしたオバマ大統領でさえ、グアンタナモ米海軍基地のキューバへの返還は明示的に否定し、キューバ側との交渉のアジェンダにも入っていないことを明確にしてきたのである。

(2)仮に近い将来、米行政府が返還に傾いても、連邦議会の了解を得るのは容易ではないだろう。

3　当面の見通し

したがって、グアンタナモの現状はしばらく続くと見られる。将来的にグアンタナモの現状を変更し得る唯一の可能性は、アメリカとキューバの二国間での協議を通じた、双方の合意に基づく外交的決着しかないだろう。しかしながら、二国間協議といっても、一方の当事者であるアメリカが同意しない限り現状の変更はできないので、詰まるところ、グアンタナモの将来はアメリカの意思と行動次第ということになる。

考慮すべき事情

上記のとおり事態は当面動かないと見られるが、仮に将来グアンタナモの問題が進展するとすれば、どのようなシナリオを描くにせよ、次の諸点を念頭に置くべきであろう。

1　グアンタナモ貸借条約の規定

まず、グアンタナモのキューバ返還を考える際に、一九三四年の貸借条約に返還ないし貸借条件変更の段取りが規定されていることを改めて想起する必要がある。未来永劫の貸借が想定されているわけではない。改めて同条約第三条の記述を読むと、次のとおり、いわばアメリカ・キューバ両国の合意による返還あるいは条件変更が想定されているのである。

(1)一九〇三年の石炭補給と海軍基地に関する条約及び同補足協定のうち、グアンタナモ海軍基地にかかわる合意の諸規定は、両締約国が同条約の規定の修正または廃止に合意するまでのあいだ、有効である。

(2)アメリカがグアンタナモ海軍基地を放棄しない限り、また両国政府が現在の境界の変更に合意しない限り、本条約署名の日に基地が有している境界内の現在の領域を維持する。

2　ヘルムズ・バートン法

アメリカの一九九六年ヘルムズ・バートン法は、キューバに対する経済制裁を強化する法として悪名高いが、同法の第二編(自由で独立したキューバへの支援)第二〇一条[2]に、アメリカの政策目標の一つとして、「キューバで民主的に選ばれた政府とのあいだで、グアンタナモ米海軍基地のキューバへの返還のための交渉を行い、又は双方が合意する条件の下に、現行の合意を再交渉する用意があること」が掲げられている。ヘルムズ・バートン法は、一定条件の下に、アメリカ行政府にキューバとの交渉義務を課しているのである。

共産党を社会及び国家の最高指導勢力として共産主義を堅持するキューバの体制は、今後も暫くは続きそうである。したがって当面は困難ではあるものの、いつの日かキューバで同法に言う「民主的に選ばれた」政府が出現したとアメリカ政府が認める場合、アメリカ行政府は法律上の義務としてグアンタナモについてキューバとの交渉を開始せざるをえなくなるという意味で、将来の進展に一つの可能性を提供していることは留意に値する。

3　取引のカードとしてのグアンタナモの価値

この関連で早期されるのは、対キューバ取引のカードとしてのグアンタナモの価値である。一九六二年ミサイル危機の際に、グアンタナモ返還が議論されたことは、前述の通りである。即ちアメリカ政府内でマクナマラ国防長官とスティーヴンソン国連大使がソ連のミサイル撤去の代償としてグアンタナモ返還の可能性を提起し、ケネディ大統領に却下された前例である。大統領に却下されたにせよ、米政府の要人がグアンタナモを交渉の取引材料と考えたことは事実である。

第二章で見たように、アメリカとキューバのあいだには多くの懸案が残されている。国家間で平和裏に懸案を解決するには、双方が何らかの譲歩をしつつも別の何かを得て、「譲ったものより得たものが大きい」と納得できるようなパッケージ・ディールを目指すのが常道である。アメリカ行政府もキューバの現政権も、未来永劫にわたって現在の不正常な両国関係を続けるのが適切とは考えていないであろうから、いずれかの時点で大きな歩み寄りをして一層の正常化に至ることは大いに考えられ、その際アメリカがグアンタナモについて何らかの歩み寄りをする可能性も排除はされない。特にグアンタナモ返還は、経済制裁撤廃と並ぶキューバの国民的願望であり、それゆえアメリカから見れば、前章で見たとおりキューバから種々の譲歩を引き出すための取引材料としての価値が非常に高いのである。

しかしながら、グアンタナモの返還は他の種々のカードと違って、一度これを切って返還してしまったら、その後二度と使えないカードでもある。種々の対キューバ経済制裁措置やテロ支援国家指定などは、状況の変換に応じて、アメリカの一存で出したり引っ込めたりできるのである(アメリカは二〇〇八年に北朝鮮に対するテロ支援国家指定を解除したものの、その後の安保理決議に違反した核・ミサイル開発を受けて二〇一七年十一月に再度指定した)。キューバとの関係では、オバマ政権による一定の制裁緩和措置がとられたものの、トランプ政権になって新たに制裁強化策が導入されたのは、第二章で説明したところである。グアンタナモ返還は余程の場面でなければ切り難いカードであろう。

4 アメリカ国内の行政府と議会の権限

問題は、このようなキューバとの新たな合意や基地の放棄が、アメリカ側において行政府即ち大統領のみの権限で行うことができるのか、それとも条約批准のように上院の助言と同意を必要とするのか、という点である。一九三四年条約もアメリカ憲法もこの点について必ずしも明確な回答を示していない。

アメリカ憲法は、条約の締結時には上院の承認が必要であるとしているが、破棄の際に承認が必要とは書かれていないことから、米大統領は上院の承認なしにグアンタナモ貸借条約を破棄できるという意見がある。現に、過去には議会の承認なく大統領が条約を破棄した事例がある(一九三九年日米通商航海条約の破棄、一九七九年米華相互防衛条約の破棄、二〇〇二年弾道弾迎撃ミサイル制限条約からの脱退等)。しかし実際には、いかなる大統領でも、少なくとも議会の大勢の暗黙の了解なくグアンタナモ海軍基地を放棄することは、政治的に考えにくい。現実の問題として、基地や合同タスクフォースの要員、設備、装備などをアメリカ内に移転したり、組織改編をするための予算が連邦議会によって認められる必要もある。よって大統領(行政府)の一方的措置による撤退・変換というシナリオは、現下の情勢に鑑みれば非現実的であろう。

グアンタナモ収容所の閉鎖問題をめぐってオバマ大統領(閉鎖推進)と連邦議会(多数は閉鎖に反対)の意見が対立するなかで、連邦議会が立法の権限や連邦政府予算の承認権限を活用して行政府の手を縛ってきたことは、第五章で見てきたとおりである。さらに、基地そのものの扱いについて、二〇一六年国防支出授権法は次の行為を禁じている。

(1)グアンタナモ米海軍基地を閉鎖しまたは放棄すること

(2)グアンタナモ湾のコントロールをキューバ共和国に引き渡すこと

(3)一九三四年の貸借条約に、グアンタナモ米海軍基地の閉鎖を意味する実質的な修正を加えること

グアンタナモ収容所の閉鎖を唱えていた民主党のオバマ大統領も、グアンタナモ海軍基地そのものは維持する方針であり、現在の共和党トランプ大統領も当然基地維持の方針であるので、当分のあいだは返還の可能性をめぐってアメリカ行政府と議会が対立する事態は考えられない。しかしながら、将来アメリカ・キューバ間でいろいろな取引が行われるなかでグアンタナモの返還が俎上に上った際には、アメリカ内政上、議会が予算及び法律というかたちで事実上の拒否権を握っている以上、行政府と議会の取引という要素が加わることに留意する必要である。

5　キューバにとってのグアンタナモ

キューバ人は学校教育はじめあらゆる機会に、アメリカの対キューバ経済制裁とグアンタナモ米海軍基地が不法・不当であるという教育を受けており、これらは国家の尊厳にかかわる問題と捉えられている。いわば原理原則の問題である。将来キューバにどのような政権が成立しても、その認識は変わらないであろうから、グアンタナモ返還は決して降ろすことのできない要求であり、安易な妥協はできない性質の問題である。アメリカとのあいだの種々の懸案をパッケージで解決する機運が出てきても、グアンタナモに関して何も進展のないままでは、二国間関係の完全な正常化のための包括的な合意に至ることはできないであろう。

グアンタナモ問題進展の前提

以上、一般論ではあるが、アメリカとキューバ間でグアンタナモの将来を巡って交渉が行われ、何らかの決着に至る可能性を論じたが、そのような途に進むためには、次のような状況の変化が前提となるであろう。

1　戦略的環境の変化

グアンタナモは基本的に米海軍が所管していることもあり、アメリカにおけるグアンタナモ維持論の最大の論拠は、現下の地域的・国際的情勢を前提としたグアンタナモの戦略的価値である。先行きの見通せないベネズエラ情勢等の中南米地域そのものの情勢、中華人民共和国やロシアの動向を含めた国際的環境が、アメリカから見てより安定的な方向に変化することにより、アメリカにとってグアンタナモの持つ意味が低下してくる可能性はあろう。逆に、現下の戦略的事情が不変であれば、あるいはアメリカの安定に不利益が生じ得るような事態となれば、アメリカ政府特に軍部が、グアンタナモの必要性に対する認識を変える可能性は乏しい。

2　収容所問題の解決

さらに、別の問題ではあるがグアンタナモ収容所は戦略的環境を離れた、独特の、かつ出口の見えない存在となっている。収容所の将来が見通せない限りは、グアンタナモについて返還も含めたキューバとの交渉に入るようなことは考えられない。

3　アメリカ・キューバ関係全体の改善

前述の通り、さまざまな懸案を抱えるアメリカ・キューバ関係であり、グアンタナモ問題だけを取り出して両国が交渉し合意に至る可能性は考えにくい。さらに現在は冷え込んでいる両国関係が全般に改善の兆しを見せない限り、グアンタナモのような安全保障にかかわる重要なテーマについてアメリカが議論に応じることもあり得ないだろう。グアンタナモをキューバとの交渉のテーブルに載せるためには、世論と議会の支持を得て、大規模なキューバ関係改善により、アメリカの利益が大いに増進されるという説得的なストーリーを準備することが必須と思われる。

両国間の諸懸案のなかで両国にとって最もハードルが高いのはキューバの政治であろう。キューバにおける民主主義の進展と人権状況の改善は、アメリカの対キューバ要求事項の主要な柱の一つであるが、フロリダの対キューバ強硬派が嫌悪するキューバの政治体制は、二〇一八年四月の政権交替にかかわらず当面揺るがないと見られる。この点も含め、一方の小さなステップを他方が評価し次のステップにつなげていくといった、時間はかかるが確実に前進していくアプローチを重ねて、相互の信頼を醸成していくことが、長期的に見て両国の利益に繋がると考えられる。いずれかの時点でこのような動きが見えてくることが期待される。

先に、米議会がグアンタナモの現状維持を強く支持する立場であると述べたが、オバマ政権による対キューバ関係改善の動きを受けて、アメリカ内にはキューバとの経済関係進展を期待するビジネス界の声が目立つようになっていることは注目される。二〇一五年以降多くのビジネス・ミッションをはじめ連邦上院・下院議員、州知事等がキューバを訪れているのは、対キューバ関係の改善と進展を期待する声が高まっていることを示すものである。キューバの現体制に厳しい声の多いフロリダ州でも、亡命キューバ人コミュニティーのキューバに対する見方は、世代の変遷とともに、徐々にキューバとの関係改善を容認する方向に変わりつつある。議会の行動は結局のところアメリカ内の声を反映するのであり、その対キューバ姿勢が変化する可能性があることは認識しておくべきである。

なお、二国間関係について補足すれば、アメリカがかつてパナマ運河地帯を永久に租借していたが、そのことによりパナマとの二国間関係が微妙なものに転じ、結局カーター大統領が決断して一九七七年パナマアメリカ条約によって運河地帯のパナマ返還が実現した事例が想起される。

4　その他

アメリカ政府の財政問題が議論されるなかで、グアンタナモ基地維持のコストが厳しい財政的監視の対象となったり、軍事技術の革新等によってグアンタナモの戦略的価値が低下するような状況となれば、それも対キューバ関係全体のなかでグアンタナモの持つ意味を変化させる要因にはなるであろう。

進展のシナリオ

現在はアメリカ政府もキューバ政府も、グアンタナモについてそれぞれの立場（アメリカは現状維持、キューバは返還）を述べるのみである。しかし、これまで見てきたとおり、アメリカ・キューバいずれにとってもグアンタナモに関する相手方の要求を一〇〇パーセント呑むことは極めて難しいと思われる。そこで、想像力を逞しくして、アメリカのグアンタナモ即時全面撤退・返還と永久的現状維持という両極端の選択のあいだで、考えられ得る両国間合意のシナリオを以下に列挙してみた。前項で見たような環境が整い、両国間でグアンタナモの将来について協議する機が熟した時に、という仮定の下ではあるが、その時点で双方が大変な譲歩をするにしても、両国が何らかのかたちでグアンタナモへの関与を確保し、面子の立つようなディールとして、あるいは将来のステータスを予断しない中期的な歩み寄りの方法として、考えられるシナリオである。ただしいずれのシナリオでも、グアンタナモの戦略的価値に鑑みれば、アメリカ軍による一定の軍事的機能は維持されるのだろう。

1　共同経済開発

キューバの地理的優位性を前提としたシナリオである。先に述べた通り、キューバ島は大西洋、メキシコ湾、カリブ海、さらにはパナマ運河の先にある太平洋まで含めた海運のハブたるべき位置にある。グアンタナモ湾をアメリカ・キューバが共同で開発して大小の船舶の停泊地、中継貿易の拠点とすることが考えられるのではないか。アジアからパナマ運河を経てカリブ海に入った大型船舶は北アメリカや中南米の諸港に運ばれる船荷をいずれかの港で多くの中小規模船舶に分散する必要があることを考えると、グアンタナモは絶好のロケーションと言えるのではなかろうか。

その際、単なる積み替え港ではなく、保税加工地帯のような経済特区を新設し諸外国の投資を呼び込んで製造業を育成するシナリオもあり得よう。対象となる市場は、キューバの一一〇〇万人だけではなく、北アメリカや中南米の数億人の市場である。

グアンタナモは、現行の貸借条約上、キューバでなくアメリカが管轄権を行使することを逆手にとって、共産主義法制の枠を超えた自由な経済活動を認め、その利益の一定割合がキューバにもたらされるというウィン・ウィンの協力に持って行く開発モデルに活用するといった、大胆な発想の転換もできるのではないか。

2　共同学術研究施設

ジェームズ・スタヴリディィス元アメリカ南方軍司令官は、グアンタナモの気候に着目し、アメリカ・キューバ共同でこの地に熱帯病、感染症の研究所あるいは診療施設を設置し運営するという案を示している。彼はさらに、キューバが中南米を中心とする途上国から医学生を留学生として受け入れていることから、グアンタナモに医科大学キャンパスを設置することも提案している。

3　国際機関を絡めた組織の設置

グアンタナモがかつてハイチ難民の救援センターとして機能していたこともあり、アメリカ国内にはグアンタナモを国際的な人道支援センターとして活用する提案もある。

これにヒントを得た筆者の案であるが、グアンタナモの租借地が陸地だけで約五十平方キロメートルに及ぶ広大な土地であることから、多数の国際機関を誘致して種々の活動を展開することも可能ではないだろうか。例えば、UNDPは中南米の途上国開発全般のトレーニング・研修センター、WMOは熱帯気候やハリケーン観測・分析拠点、WHOは熱帯病・感染症関連施設や医学留学生研修施設、UNHCRはIOMと協力して同じく人道支援センター、WFPは緊急食糧支援センター兼備蓄倉庫、FAOは熱帯農業訓練センター等、多くの国際機関がグアンタナモの特性を生かした活用を展開できる、というアイデアである。

先に述べたとおり、現下のアメリカ・キューバ関係を前提とする限り、このようなシナリオは正直に言って未だ夢物語である。そもそも、このようなシナリオを描くべきなのは、本来アメリカとキューバという当事者自身であって、筆者のような余所者が云々するのは余計なお世話なのだろう。しかしながら冒頭に述べたように、キューバの地政学的位置に鑑みれば、この地域の不安要因が減ることは、地域のみならず世界全体の安全と繁栄にとっても利益になることである。アメリカとキューバという国際政治・地域情勢の主要なプレーヤーのあいだにグアンタナモという棘が刺さっている問題は、いわば国際社会全体の関心事である。そのためにはグアンタナモについて、遠い将来の夢を描いて環境整備が進むための叩き台を提供することにも意義があると信じて、あえて記した次第である。付け加えれば、米州に長くかかわってきた筆者のような者にとって、キューバの未来もアメリカ・キューバ関係も気になって仕方ない、放っておけないテーマなのである。

註

（1）オバマ政権が最後に発表した包括的な対キューバ政策文書である「米国・キューバ関係正常化に関する大統領政策指令」（二〇一六年十月十四日）においても、「米国政府は、米国が地域の安全を維持しその質を高めることを可能にしているグアンタナモ海軍基地に関する貸借条約や他の取り決めを変えるつもりはない」と明記されている。

（2）ヘルムズ・バートン法第二編第二〇一条（抄）

"to be prepared to enter into negotiations with a democratically elected government in Cuba either to return the US Naval Base of Guantanamo to Cuba or to renegotiate the present agreement under mutually agreeable terms"

［コラム］アメリカの対キューバ経済制裁法

一九五九年一月のキューバ革命後、カストロによるアメリカ資産の接収を皮切りに、アメリカとキューバの対立が始まった。その後キューバのソ連接近やミサイル危機など数々の事件もあって、アメリカの歴代政権と議会は、カストロ政権に対する多くの経済制裁を課してきた。長年にわたる多くの連邦法や行政府の規則等が積み重なり、また政権によって緩和したり厳しくなったりという紆余曲折もあって、対キューバ経済制裁の全体像は複雑な構造となっている。以下は、両国関係を語る際に言及されることの多い、主要な制裁根拠法である（対キューバ制裁の全てを知るためには、実に複雑な諸規則を丹念に読み込み、違反例を調査する必要があるので、キューバとの取引を考えるのであれば、アメリカのコンサルタントや弁護士事務所に相談されることをお薦めする）。

1　一九六一年外国支援法(Foreign Assistance Act of 1961)
一九六二年二月にアメリカ政府がキューバとの貿易を禁止する大統領宣言を発布した際の根拠法である。この措置を踏まえてアメリカ内キューバ資産の凍結も行われた。

2　一九一七年敵国通商法(Trading with the Enemy Act)
一九六二年年三月、アメリカ政府はキューバを同法の適用対象とすることを決定した。同法は、アメリカ内のキューバ関連資産凍結や対キューバ制裁諸法違反行為の罰則規定の根拠となり、またアメリカ大統領に対キューバ制裁の態様に関する選択の余地を与えるものである。

これらに基づきアメリカ行政府は種々の行政規則を作り、主として財務省、商務省及び国務省が制裁措置の運用に関する実務を担っている。

3　キューバ民主主義法(Cuban Democracy Act of 1992)
法案提出議員の名をとってトリチェリ法とも呼ばれる。前記1、2は行政府が既存の法律をキューバに適用したものであるが、トリチェリ法は議会のイニシアティヴによりキューバ制裁を目的として制定されたものである。一方においてキューバ国民への食糧供与や医薬品販売を認めるとともに、他方で、第三国にあるアメリカ系子会社にも対キューバ貿易を禁止し、また貿易のためキューバに赴いた船舶はその後一八〇日間はアメリカに寄港できないとするなど、制裁を強化するもの。

4　キューバ自由・民主的連帯法（Cuban Liberty and Democratic Solidarity (LIBERTAD) Act of 1996）法案提出議員の名からヘルムズ・バートン法と呼ばれることが多い。最も厳しく多岐にわたる対キューバ経済制裁法であり、かつ対キューバ制裁に関して行政府の手を縛るもので、対キューバ制裁諸法の象徴的存在である。

一九九六年二月、キューバ難民の海上における救助やキューバ反政府勢力支援活動を行っていたキューバ系アメリカ人の乗った飛行機が、公海上でキューバ革命軍に撃墜され、四名が死亡した。当時のクリントン大統領は、対キューバ政策の主導権を議会に渡してしまうようなこの法案への署名に消極的であったが、この事件を契機にアメリカ内で反キューバ感情が燃え上がり、キューバへの武力行使を求める声も高まるなかで、同大統領は同法案に署名せざるを得なかったという不幸な背景がある。

同法の主な内容は、①アメリカがキューバの国際金融機関への加盟に反対し、仮に加盟が実現した場合にはアメリカの当該機関への拠出を禁止する、②キューバにおけるアメリカ人の接収財産を活用する外国人はアメリカへの入国を禁止する、③キューバ政府が接収したアメリカ人財産に投資が行われた場合、元の所有者はアメリカの裁判所に訴えを起こすことができる（ただし、本項は大統領が半年間適用除外とすることが可能とされており、歴代大統領は現在に至るまで半年毎に適用除外の宣言を行ってきたが、二〇一九年トランプ政権はこの適用除外を停止し、実際に何件かの訴訟が提起されている）、④民主的に選ばれた政府がキューバに誕生しない限り制裁を解除できない、

⑤グアンタナモについては、キューバで民主的に選ばれた政府とのあいだで、グアンタナモ米海軍基地のキューバへの返還のための交渉を行い、又は双方が合意する条件の下に、現行の合意を再交渉する、等を規定している。

オバマ政権時代には、これら諸法の範囲内で大統領に認められる権限を活用して、アメリカからキューバへの送金制限の撤廃、農産品や医薬品の一部貿易許可、人的交流特にキューバ渡航制限の緩和、クルーズ船や民間定期航空便の運航などの制裁緩和措置が進んだ。しかしトランプ政権誕生後に一部の制裁が再度強化され、またいずれにせよ制裁の主要な内容が連邦法で定められていて（つまり、行政府ではなく連邦議会のみが法律そのものの緩和や撤廃の権限を持つため）、その連邦議会がキューバに厳しい立場を崩しておらず、対キューバ経済制裁の撤廃には至っていない。

なお、毎年の国連総会において、「アメリカの対キューバ経済制裁終了の必要性」に関する決議が採択されているのは、第三章に述べたとおりである。

年表

1492年　コロンブス、米大陸到達
1494年　コロンブス、グアンタナモ湾到達
1818年　スペインはキューバの港湾における貿易を解禁
1823年　米国によるモンロー宣言
1868年10月10日　第一次キューバ独立戦争(十年戦争)勃発
1878年　第一次キューバ独立戦争終結
(1893年3月4日～1897年3月4日、米国クリーブランド大統領)
1895年　第二次キューバ独立戦争勃発
(1897年3月4日～1901年9月14日　米国マッキンリー大統領)
1897年　スペイン、キューバへの自治権付与提案(キューバ独立派は拒否)
1898年
　2月15日　米艦船メイン号、ハバナ湾で爆沈
　4月22日　米議会、大統領に対スペイン戦争権限付与(テラー修正条項)
　4月24日　スペイン、対米宣戦布告
　4月25日　米国、対スペイン宣戦布告
　6月10日　米海軍、グアンタナモに上陸
　8月12日　米国とスペイン、停戦
　12月10日　パリ講和条約でスペインがキューバを放棄(米国の軍政下に)
(プエルト・リコ、フィリピン、グアムはスペインが米国に割譲)
1899年1月1日　キューバは米国の軍政下へ
1901年
　3月2日　米軍事支出権限法成立(含プラット修正条項)
　2月27日　キューバ制憲議会、憲法を採択
　6月12日　キューバ制憲議会、プラット修正条項を憲法付則として採択
(1901年9月14日～1909年3月4日　米国セオドア・ローズベルト大統領)
1902年5月20日　米国の軍政終了、キューバ独立、
キューバ憲法発効(プラット修正条項も付則として発効)
1903年　米国とキューバ、関係条約、グアンタナモ貸借条約、貸借補足条約署名
1906年　キューバ大統領選挙後の混乱を受けて米国が介入、米国の軍政(1909年1月まで)
(1909年3月4日～1913年3月4日　米国タフト大統領)
1912年　有色人種による反乱。米国はハバナ湾に軍艦を寄港させ圧力
　米国とキューバ、グアンタナモ新貸借条約署名(但し発効せず)
(米はバイア・オンダを放棄、グアンタナモ租借対象地域拡大)

（1913年3月4日～1921年3月4日　米国ウィルソン大統領）
1917年　自由党の反乱を受けて米軍が介入。キューバ、第一次世界大戦に参戦
1920年～33年　米国禁酒法
（1921年3月4日～1923年8月2日　米国ハーディング大統領）
（1923年8月2日～1929年3月4日　米国クーリッジ大統領）
（1929年3月4日～1933年3月4日　米国フーヴァー大統領）
（1933年3月4日～1945年4月12日　米国F・D・ローズベルト大統領）
1934年　米国とキューバ、「キューバと米国の関係に関する条約」署名
（1903年の関係条約破棄、貸借地域拡大、租借期限に関する規定）
　キューバ、憲法のプラット修正条項（付則）廃止
1941年12月9日　キューバ、対日宣戦布告
（1945年4月12日～1953年1月20日　米国トルーマン大統領）
1952年　クーデターによりバティスタ政権誕生
（1953年1月20日～1961年1月20日　米国アイゼンハワー大統領）
1953年　カストロによる武力革命闘争開始
1959年
　1月1日　キューバ革命成就、バティスタ政権崩壊
　3月5日　キューバ、米国に対してグアンタナモの返還を要求
（1961年1月20日～1963年11月22日　米国ケネディ大統領）
1961年　米国、キューバとの外交関係断絶。ピッグズ湾侵攻作戦失敗
1962年10月　キューバ・ミサイル危機
（1963年11月22日～1969年1月20日　米国ジョンソン大統領）
1964年　キューバ、グアンタナモ基地への水の供給停止
（1969年1月20日～1974年8月9日　米国ニクソン大統領）
（1974年8月9日～1977年1月20日　米国フォード大統領）
（1977年1月20日～1981年1月20日　米国カーター大統領）
1977年　米、キューバ、双方の首都に利益代表部の設置を合意
（1981年1月20日～1989年1月20日　米国レーガン大統領）
（1989年1月20日～1993年1月20日　米国G・H・W・ブッシュ大統領）
1991年　ゴルバチョフ、キューバからのソ連人訓練要員引き上げを発表
（1993年1月20日～2001年1月20日　米国クリントン大統領）
（2001年1月20日～2009年1月20日　米国G・W・ブッシュ大統領）
2001年9月11日　米国同時多発テロ事件
2002年1月　グアンタナモにテロ容疑者第一陣到着
2006年　フィデル・カストロ国家評議会議長、実権を弟のラウルに禅譲
2008年　ラウル・カストロ、国家評議会議長に就任
（2009年1月20日～2017年1月20日　米国オバマ大統領）
2009年　オバマ大統領の米国はキューバへの送金制限緩和等、一連の対キュー

バ制裁措置の緩和開始
2011年　ラウル・カストロ、キューバ共産党第一書記に就任
2014年12月17日　オバマ米大統領とラウル・カストロ・キューバ国家評議会議長、両国関係正常化に向けた交渉開始を発表
2015年　米、キューバ外交関係再開
2016年
3月　オバマ米大統領、キューバ訪問
11月　米大統領選挙でトランプ候補が当選
フィデル・カストロ・キューバ前国家評議会議長死去
(2017年1月20日　米国トランプ大統領就任)
6月　トランプ米大統領、新キューバ政策を発表(11月に詳細規則発表)
2018年4月19日　ラウル・カストロ国家評議会議長退任、ミゲル・ディアスカネル新議長就任
2019年4月10日　キューバ新憲法発効
10月10日　ミゲル・ディアスカネル大統領就任

参考文献

書籍

Allison, Graham T. (1971), “Essence of Decision -Explaining the Cuban Missile Crisis”, Little Brown and Company.

Brownlie, Ian (1998), “Principles of Public International Law, Fifth Edition”, Oxford University Press.

Cantón Navarro, José (2000), “Historia de Cuba, El Desafío del Yugo y la Estrella”, Editorial SI-MAR S.A.

Latell, Brian (2005), “After Fidel”, Palgrave MacMillan.

Aust, Anthony (2007), “Modern Treaty Law and Practice, 2nd. Edition”, Cambridge University Press.

Miranda Bravo, Olga (2008), “Vecinos Indeseables: La Base Yanqui en Guantánamo, segunda edición”, Editorial de Ciencias Sociales.

Sweig, Julia E. (2009), “Cuba, what everyone needs to know”, Oxford University Press.

Strauss, Michael (2009), “The Leasing of Guantánamo Bay”, Praeger Security International.

Castro Ruz, Fidel (2011), “Guantánamo-Why the illegal US base should be returned to Cuba”, Ocean Press.

Hansen, Jonathan M. (2011), “Guantánamo, An American History”, Hill and Wang.

González Barrios, René (2013), “Un Maine Detenido en el Tiempo”, Casa Editorial Verde Olivo.

Jiménez González, Angel, González Barrios, René (2013), “La Fruta que no Cayó”, Editorial Capitán San Luis.

LeoGrande, William M., Kornbluh, Peter (2015), “Back Channel to Cuba”, The University of North Carolina Press.

Roig, Pedro (2015), “La lucha de los cubanos por la independencia”, Alexandra Library.

García del Pino Chen, Augusto C. (2016), “Una bahía de Cuba GUANTANAMO”, Ediitorial de Ciencias Sociales.

Limia Díaz, Ernesto, Ramírez Cañedo Elier, Bertot Triana, Harold González Barrios, René (2016), “Base Naval de Guantánamo-Estados Unidos versus Cuba-”, Ocean Sur.

Huddleston, Vicki (2018), “Our Woman in Havana”, The Overlook Press.

堀田善衛 (1966)「キューバ紀行」(岩波新書) 岩波書店

Ｊ．フランケル(田中治男訳)(1972)「国際関係論」(UP 選書) 東京大学出版会

島田謹二 (1975)「アメリカにおける秋山真之(上)(下)」(朝日選書) 朝日新聞社

曾村保信(1984)「地政学入門―外交戦略の政治学」(中公新書) 中央公論社

宮本信夫 (1996)「カストロ」(中公新書) 中央公論社

山本草二(1997)「国際法(新版)」有斐閣
後藤政子,樋口聡編著(2002)「キューバを知るための52章」明石書店
佐伯啓思(2003)「現代文明論(上)　人間は進歩してきたのか」(PHP新書)PHP研究所
黒野耐(2005)「戦争学概論」(講談社現代新書)講談社
鍛冶俊樹(2005)「戦争の常識」(文春新書)文藝春秋社
田中三郎(2005)「フィデル・カストロ―世界の無限の飛散を背負う人」同時代社
小松一郎(2011)「実践国際法」信山社
キューバ教育省(後藤政子訳)(2011)「キューバの歴史　先史時代から現代まで」明石書店(Ministerio de Educación, 2008, Historia de Cuba, Editorial Pueblo y Educación)
アルフレッド・マハン(麻田真雄編訳)(2015)「マハン海上権力論集」講談社
ロバート・ケネディ(毎日新聞社外信部訳)(2001)「13日間―キューバ危機回顧録」(中公文庫)中央公論社
伊高浩昭(2015)「チェ・ゲバラ　旅、キューバ、革命、ボリビア」(中公新書)中央公論社
細田晴子(2016)「カストロとフランコ―冷戦期外交の舞台裏」(ちくま新書)筑摩書房
ドン・マントン,ディヴィッド,A・ウェルチ(田所昌幸,林晟一訳)(2015)「キューバ危機―ミラー・イメージングの罠」中央公論社
T・J・イングリッシュ(伊藤孝訳)(2016)「マフィア帝国　ハバナの夜―ランスキー・カストロ・ケネディの時代」さくら舎
佐藤美由紀(2017)「ゲバラのHIROSHIMA」双葉社
渡邉優(2018)「知られざるキューバ―外交官の見たキューバのリアル」ベレ出版

論文

Guggenheim, Harry F. (1934), “Amending the Platt Amendment”, Foreign Affairs, April 1, 1934.
Randolf, Carman F., “The Joint Resolution of Congress Respecting Relations between the United States and Cuba”, Columbia Law Review, Vol.1, No.6 (Jun.1901), pp.352-376, Columbia Law Review Association, Inc.
Maris, Gary L (1967), “International Law and Guantanamo”, The University of Chicago Press Journal, The Journal of Politics, vol.29. No.2 (May 1967).
Lazar, Joseph (1968), “International Legal Status of Guantanamo Bay” (1968), American Journal of International Law 62 (1968): 730-740.
Pomfret, John (1982), “The History of Guantanamo Bay”, Vol.2 U.S. Naval Station Guantanamo Bay, 1982.
McCallum, Daniel F. (2003), “Why GTMO?”, Research Paper, U.S. National War

College, 2003.
Harvard Public Law Working Paper No.08-39, “The Extraterritorial Constitution after Boumediene v Bush”, Southern California Law Review, forthcoming, Harvard University.
Dervan, Lucian E. (2013), “Introduction: Guantanamo Bay: What Next?”, Southern Illinois University Law Journal, vol.37, 2013.
Timothy Keen, Paulo Gioia (2015), “The Guantanamo Base, A U.S. Colonial Relic Impeding Peace with Cuba”, Coouncil on Hemispheric Affairs, February 12, 2015.
Hal Klepak (2016), “Reflections on U.S. Cuba Military-to Military Contacts”, Institute for National Strategic Studies, July 1, 2016.
Carabalho Maqueira, Leonel, (2016), “Los Convenios de la Base Naval de Guantánamo Nulidad insubsanable”, Política Internacional, Revista Semestral XXIV, ISRI.
Jorgensen, Gabrielle (2018), “The Dangers of U.S. Withdrawal from a Post-Castro Cuba”, Engage Cuba, April 16, 2018.
佐藤一義(1964)「国際法における強行規範概念の展望―条約の無効原因から現代国際法秩序へ―」名城, 64-1･2-365.
経塚作太郎 (1966)「条約の無効及び取消―詐欺, 錯誤及び強迫にもとづく条約の効力をめぐって―」法学新報 73(4), 1966-04.
一又正雄(1968)「「事情変更の原則」と条約法草案第五十九条」国際法外交雑誌, 67(4), 1968-12.
小川芳彦(1968)「多数国間条約に対する留保―条約法草案第十六条乃至第二十条を中心として―」国際法外交雑誌, 67(4), 1968-12.
太寿堂鼎(1968)「締約意思の瑕疵に基づく条約の無効原因―条約法草案第四十三条～第四十九条を中心として」国際法外交雑誌, 67(4), 1968-12.
小川芳彦(1969)「条約法にたいするＡＡ諸国の態度」国際問題, (9)138.
瀬川義信, 川上壮一郎(1969)「国際地役研究序説―現代国際法における「地役」という用語の適否―」埼玉大学紀要, 社会科学編 (16), 1969-03.
川上壮一郎, 瀬川義信(1970)「領土利用と国際地役―領土制限の形態をめぐる考察」埼玉大学紀要, 社会科学編 (17), 1970-03.
鷲見一夫(1970)「国内法違反の条約の有効性について：条約法に関するウィーン条約第四十六条の考察」一橋論叢, 63(2):214-229.
佐藤好明 (1980)「国際法における事情変更の原則」東京水産大学論集 (15), 1980-02.
福田吉博(1984)「条約違反とウィーン条約法条約」法と政治, 35(1), 1984, 関西学院大学法政学会
福田吉博(1985)「解釈宣言に関する一考察」法と政治, 36(2), 1985, 関西学院大学法政学会
田畑茂二郎(1992)「現代国際法の諸問題　九　国際法における事情変更の原則」

法学セミナー(192)
今村良幸(1993)「グァンタナモ湾合衆国海軍基地について」中京大学教養論叢, 1993-10-29.
佐藤信夫(1995)「条約(契約)法の本質―法の字源とPacta sunt servandaの成立　伝統的「契約法・条約法」の通説批判―」法学新報, 1995, 中央大学
梅田徹(1997)「条約のpermissibility留保の有効性をめぐる学派対立―permissibility schoolとpposability school―」麗澤大学紀要, 第64巻, 1997年7月.
渡邉利夫(2000)「米国にとっての米西戦争」外務省調査月報, 2000年度第2巻
山岡加奈子(2002)「キューバの中の米軍基地―グアンタナモ海軍基地あれこれ―」ラテンアメリカレポート, vol.19 no.1, 2002.
国際法委員会研究会(2017)「国連国際法委員会第68会期の審議概要」国際法外交雑誌, 第115巻, 第4号.

報道

BBC News (2002), "Castro does not oppose US prison", BBC News, 4 January 2002.
Thompson, Ginger (2002), "Cuba, Too, Felt the Sept. 11 Shock Waves, With a More Genial Castro Offering Help", The New York Times, February 7, 2002.
Tampa Bay Times (2009), "Q & A: Will Gutantanamo Base be closed?", Tampa Bay Times, 14 July 2009.
Moody, Chris (2012), "Marco Rubio visits Guantanamo Bay in Cuba", ABC News, January 29, 2012.
Bryant, Jordan (2014), "Here's What the Cuba Deal Could Mean For the US Base At Guantanamo Bay", Military.com, 18 December 2014.
Gertz, Bill (2015), "Obama Cuba Initiative Prompts New Fears of Gitmo Naval Base Giveaway", AP, 7 January 2015.
Lockhart, James (2015), "Can you handle the truth? The Case for Returning Guantanamo Bay to Cuban Sovereignty", War on the Rocks, 29 January 2015.
Stimson, Cully (2015), "Guantanamo is ours. Here's Why We Should Keep It.", The Daily Signal, 29 January 2015.
Tack, Sim (2015), "Guantanamo Bay's Place in US Strategy in the Caribbean", Geopolitical Weekly, 3 February 2015.
Keen, Timothy, and Gioia, Paul (2015), "The Guantanamo Base, A U.S. Colonial Relic Impending Peace with Cuba", Council on Hemispheric Affairs, February 12, 2015.
Mckena, Peter (2015), "Guantanamo Base sure to be US-Cuba sore point", The Chronicle Herald, 13 May 2015.
Miroff, Nick (2015), "Why the US Base at Cuba's Guantanamo Bay is probably doomed", The Washington Post, 18 May 2015.
Faith, Ryan (2016), "Here's Why the US is Still Using Guantanamo to Squat in Cuba",

Defense and Security, 24 March 2016.
Hernández Hernández, Adelfa (2017), "En Caballería terminó Fidel de escribir el Juramento de Baraguá, rememora Geñito", Radioangulo, enero 27, 2017.
Mitchell, Ellen (2017), "Retired military leaders urge Trump to engage with Cuba", The Hill, April 2017.
Bertot Triana, Harold, (2017), ¿Qué dice el Derecho Internacional sobre la base naval en Guantánamo?, 2017.5.3, Juventud Rebelde.
AMADOR FERNÁNDEZ RAMÍREZ, NARCISO (2017), "Cuando la Enmienda Platt cambió de disfraz", 23/05/2017 – Cubahora.
"Base Naval de Guantánamo: muchas preguntas, pocas respuestas", (http://oncubamagazine.com/socied/base-naval-de-guantanamo-un-futuro-sin-respuestas/)
Bender, Jeremy (2014), "The Pentagon Once Considered False-Flag Attacks To Justify An Invasion Of Cuba", Business Insider, December 17, 2014.
Jordan, Bryant (2014), "Here's What the Cuba Deal Could Mean for the US Base at Guantanamo Bay", Business Insider, December 18, 2014.
Thompson, Mark (2014), "Why the U.S.–Cuba Thaw Doesn't Mean Guantanamo Bay Is Closing", TIME, December 19, 2014.
Rothman, Lily (2015), "Why the United States Controls Guantanamo Bay", TIME, January 22, 2015.
BBC News (2015), "US rejects Cuba demand to hand back Guantanamo Bay base", The section of Latin America & Caribbean, BBC, 30 January 2015.
McCracken, Alli (2016), "The Best Way to Close Guantanamo? Give It Back To Cuba", Foreign Policy in Focus, January 11, 2016.
Micallef, Joseph V. (2016), "Could Barak Obama Give the Guantanamo Naval Base Back to Cuba?", Huffington Post, February 27, 2016.
Roman, Joe, and Kraska, James (2016), "Reboot Gitmo for U.S.–Cuba research diplomacy", INSIGHTS, 18 March 2016.
Daniel García, Marco (2016), "¿Cuánto y cómo paga EE.UU. a Cuba por el alquiler de Guantánamo?", BBC Mundo, 21 de marzo, 2016.
Celaya, Miriam (2016), "!Quédense con la Base!", Cubanet, 13 de mayo, 2016.
Elizalde, Rosa Miriam (2016), "Tom Wilner: Obama tiene autoridad presidencial para devolver Guantánamo a Cuba", Progreso Semanal, 26 de mayo, 2016.
Rosenberg, Carol (2016), "Guantánamo sailors eager for "liberty" in Cuba", In Cuba Today, July 29, 2016.
"Fishing on Cuban side of Guantánamo Bay", Roads & Kingdoms, August 4, 2016"
Vidal, Josefina (2016), "Hablaremos con EEUU de todo, pero no negociaremos nuestra soberanía", Al Mayadeen, 26 de abril de 2016.
CNN (2016), "What to know about Guantanamo Bay", CNN Politics, August 17, 2016.

Bermúdez Cutiño, Jesús (2016), "La Base Naval de Guantánamo", Granma, 7 de noviembre de 2016.

Rosenberg, Carol (2016), "What will President Trump do with Guantanamo?", Miami Herald, November 11, 2016.

Diario de Cuba news (2016), "Obama, absolutamente preocupado por la presidencia de Trump", Diario de Cuba, 15 de noviembre, 2016.

Cruz Valera, Yadira (2016), "Base Naval de Guantánamo: Epílogo contra la desmemoria", Prensa Latina, 22 de noviembre, 2016.

Diario de Cuba news (2016), "Obama sobre la cárcel de Guantánamo: Es una mancha en el honor de EEUU", Diario de Cuba, 7 de diciembre, 2016.

Londoño,Ernesto (2017), "One Guantanamo, Two Worlds", The New York Times, June 5, 2017.

García, Pedro Antonio (2017), "Enmienda Platt. El protectorado con ropaje de república", Granma, 1 de marzo de 2017.

Diario de Cuba news (2017), "Senadores piden a Trump que amplíen Guantánamo", Diario de Cuba, 14 de febrero, 2017.

Prensa Latina (2018), "Base Naval de Guantánamo, una violación del derecho internacional", Prensa Latina, 12 de marzo, 2018.

Díaz, Manuel C. (2018), "El hundimiento del Maine: 120 años después las hipótesis siguen siendo las mismas", Nuevo Herald, 13 febrero, 2018.

Gómez, Sergio Alejandro (2018), "Base Naval en Guantánamo : una herida abierta en la soberanía cubana", Granma, 27 de febrero de 2018.

Rosenberg, Carol (2018), "Wildfire threatened Guantánamo Navy base. Cuba's Frontier Brigade came to the rescue.", Miami Herald, February 28, 2018.

Gámez Torres, Nora (2018), "Russian spy ship is docked in Havana harbor", Miami Herald, March 16, 2018.

Roig, Pedro (2018), "This Day in Cuban History", Cuban Studies Institute, April 2, 2018.

Trujillo, Carlos (2018), "Raul Castro debe ser juzgado por sus crimenes contra los derechos humanos", DDC/Washington, 7 de mayo de 2018.

Schulberg, Jessica (2018), "Brett Kavanaugh on Gutantanamo Detainees: International Law Doesn't Matter", Huffington Post, July 10, 2018.

Greenhouse, Linda (2018), "What Guantanamo Says About Kavanaugh", The New York Times, August 20, 2018.

Granma (2019), "¡Solo la unidad padrá salvarnos! ¡Somos más! ¡Hagamos más!", Granma, 25 de octubre, 2019.

政府公式資料等

Ministry of Foreign Affaris of Cuba (1970), "Guantanamo, Yankee Naval Base of Crimes and Provocations"

"United Nations Conference on the Law of Treaties, First and second sessions, Vienna, 26 March-24 May 1968 and 9 April-22 May 1969, Official Records, Document of the Conference", United Nations, New York, 1971.

Ministerio de Relaciones Exteriores, República de Cuba (1979), "Historia de una Usurpación-La base naval de Estados Unidos en la bahía de Guantánamo-"

"Statement by the Government of Cuba to the National and International Public Opinion", January 11, 2002.

Cuba Ministerio de Relaciones Exteriores (2004), "Cuba y su defensa de todos los Derechos Humanos para todos", Report in ECOSOC, April 6, 2004, UN document E/CN.4/2004/G/46

Kelly, John (2015), "Posture Statement of General John F. Kelly, United States Marine Corps Commander, United States Southern Command before the 114th. Congress, Senate Armed Services Committee", 12 March, 2015.

La Unión Nacional de Juristas de Cuba (2016), "La Ocupación del Territorio de la Bbase Naval en Guantánamo viola el Derecho Internacional", Cubaminrex, 18 de marzo de 2016.

DVD "Todo Guantánamo es Nuestro" (2016), Realizador: Hernando Calvo Ospina, キューバ政府広報資料

"Presidential Policy Directive-United States-Cuba Normalization" (2016), The White House, October 14, 2016.

Castro Ruz, Fidel (2017), "The Empire and the Independent Island", Cuba Ministerio de Relaciones Exteriores. August 14, 2007.

"White Book: Chapter IV: A Veritable Moral and Legal Black Hole in the Territory Illegally Occupied by the US Naval Base at Guantanamo", Ministerio de Relaciones Exteriores de Cuba (http://www.cubaminrex.cu/CDH/60cdh/Guantanamo/English/white%20book.htm)

-"Facts About the U.S. Naval Base at Guantanamo"
Embassy of Cuba in the United Kingdom
Ministerio de Relaciones Exteriores de Cuba
(http://www.cubaldn.com/englishFiles/FACTS%20ABOUT%20THE%20U%20S%20NAVAL%20BASE%20IN%20GUANTANAMO.pdf)

Congressional Research Service (2016), "Naval Station Guantanamo Bay: History and Legal Issues Regarding Its Lease Agreements", CRS Reports, November 17, 2016.

Naval Inspector General (2016), "Area Visit of Naval Station Guantanamo Bay, Cuba",

Department of the Navy, 28 Jan, 2016.
Rennack, Dianne E. Sullivan, Mark P. (2017), "Cuba Sanctions: legislative Restrictions Limiting the Normalization of Relations", Congressional Research Service, CRS Report.
Tillerson, Rex (2018), "US Engagement in the Western Hemisphere", Department of State, February 1, 2018.
W. Tidd, Kurt (2018), "Posture Statement of Admiral Kurt W. Tidd, Commander, United States Southern Command before the 115th Congress", Senate Armed Services Committee, 15 February 2018.
Pence, Mike (2018), "Remarks by Vice President Pence during a Protocolary Meeting at the Organization of American Statess", White House, May 7, 2018.
Baku Declaration of the 18th Summit of Heads of State and Govenment of the Non Aligned Movement (2019), Baku, the Republic of Azerbaijan, 26 October 2019.
Final Document of the 18th Summit of Heads of State and Govenment of the Non Aligned Movement (2019), Baku, the Republic of Azerbaijan, 26 October 2019.

その他

映画 , Rob Riner 監督 (1992), "A Few Good Men"
映画 , Roger Donaldson 監督 (2000), "Thirteen Days"

【著者】
渡邉 優

…わたなべ・まさる…

1956年東京都生まれ。防衛大学校教授、日本国際問題研究所客員研究員、国連英検特A級面接官。1980年東京大学法学部卒業、同年外務省入省。欧州局審議官、中南米局審議官、経済局審議官、中東アフリカ局審議官を歴任。海外勤務はブラジリア、スペイン、ジュネーブ政府代表部、フィリピン、アルゼンチン、リオデジャネイロ(総領事)、キューバ(特命全権大使)。サラマンカ大学(スペイン)はじめ各国の大学や研究機関で日本の外交、経済、文化などについて講義、講演活動を行う。主な著書に『あなたもスペイン語通訳になれる』『ジョークで楽しく学ぶスペイン語』『知られざるキューバ―外交官の見たキューバのリアル』等があるほか、国際関係の雑誌への寄稿など執筆活動も続ける。

Sairyusha

グアンタナモ

二〇二〇年三月十日　初版第一刷

著者——渡邉優

発行者——河野和憲

発行所——株式会社 彩流社

〒101-0051

東京都千代田区神田神保町3-10大行ビル6階

電話:03-3234-5931

ファックス:03-3234-5932

E-mail:sairyusha@sairyusha.co.jp

印刷——明和印刷(株)

製本——(株)難波製本

装丁——中山銀士+金子暁仁

ISBN978-4-7791-2655-0 C0022

http://www.sairyusha.co.jp

フィギュール彩

〘既刊〙

㉒大阪「映画」事始め

武部好伸◉著

定価(本体1800円+税)

新事実！大阪は映画興行の発祥地のみならず「上映」の発祥地でもある可能性が高い。エジソン社製ヴァイタスコープの試写が難波の鉄工所で1896年12月に行われていたのだった。

㉑百萬両の女　喜代三

小野公宇一◉著

定価(本体1800円+税)

「稀代の映画バカ小野さんがついに一冊かけてその愛を成就させました！」(吉田大八監督)。邦画史上の大傑作『丹下左膳餘話・百萬両の壺』に出演した芸者・喜代三の決定版評伝。

⑯監督ばか

内藤誠◉著

定価(本体1800円+税)

「不良性感度」が特に濃厚な東映プログラムピクチャー等のＢ級映画は「時代」を大いに反映した。カルト映画『番格ロック』から最新作『酒中日記』まで内藤監督の活動を一冊に凝縮。